Energiewende im Klimawandel

von

Kurt Olzog

Energiewende im Klimawandel

Entwicklungen und Zukunftsperspektiven

Zweite erweiterte Auflage

Autor: Kurt Olzog

Nach der ersten Auflage sind inzwischen fast zwei Jahre vergangen, und auf dem Gebiet des Klimaschutzes hat sich einiges getan. Der Pariser Gipfel bildete den Abschluss der ersten Auflage, und nun findet bereits der nächste Klimagipfel in Bonn statt. Darüber wird zu berichten sein. Darüber hinaus kommt ein Geo-Risikoforscher zu Wort, der beim Rückversicherer Munich Re arbeitet. Nach wie vor sorgen erratische politische Äußerungen und Entscheidungen dafür, dass beim Klimaschutz wenig Sicherheit herrscht und dass die Weltbevölkerung weiterhin auf das Prinzip Hoffnung setzen muss.

Bibliografische Information der Deutschen Nationalbibliothek:

Die Deutsche Nationalbibliothek verzeichnet diese Publikation in der Deutschen Nationalbiographie; detaillierte bibliografische Daten sind im Internet über www.dnb.de abrufbar.

TWENTYSIX – Der Self-Publishing-Verlag

Eine Kooperation zwischen der Verlagsgruppe Random House und BoD – Books on Demand

Zweite erweiterte Auflage
© 2017 Kurt Olzog

Herstellung und Verlag:

BoD – Books on Demand, Norderstedt

ISBN: 9783740710057

Inhalt

1. Entwicklung der Energiewirtschaft

Fossile Energiequellen wurden seit der industriellen Revolution in zunehmendem Maße zur Wärme- und Stromerzeugung sowie zur Fortbewegung verwendet. Vor allem Erdöl entwickelte sich im vergangenen Jahrhundert zur wichtigsten Kraftquelle der Weltwirtschaft. So betrug sein Anteil am Weltenergieverbrauch im Jahr 1976 fast 45 %, auf alle festen Brennstoffe zusammen (Stein- und Braunkohle, Torf etc.) entfielen dagegen nur 30% und auf Erdgas nicht einmal 18 %.[1]

Seit Erdöl in der zweiten Hälfte des 19. Jahrhunderts industriell gefördert wird (in den Vereinigten Staaten und Russland entstand die Erdölindustrie fast gleichzeitig), dehnte sich die Nachfrage nach diesem vielseitig verwendbaren und preiswerten Rohstoff immer schneller aus. Besonders in Nordamerika wurde das Erdöl zunehmend extensiver verbraucht, so dass die rasch steigende Nachfrage eine expandierende Erdölindustrie hervorbrachte. Vor allem der nach 1911 einsetzende Autoboom, durch den sich das Automobil zu einem Fortbewegungsmittel für Jedermann entwickelte, brachte den Erdölgesellschaften einen fortwährend expandierenden Absatzmarkt, so dass in den zwanziger und dreissiger Jahren des 20. Jahrhunderts die Erdölsuche sich über die ganze Erde auszuweiten begann.

---

1   The British Petroleum Company Ltd., 1976, S. 16

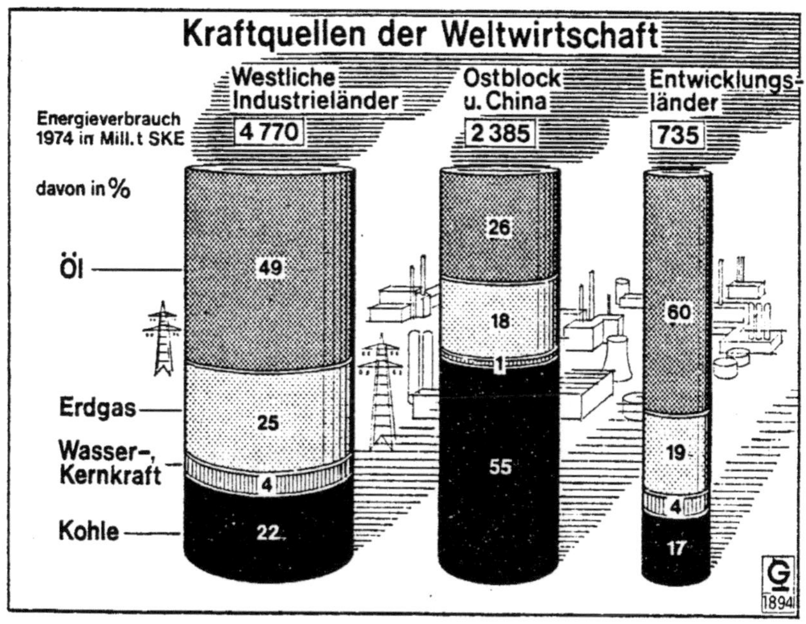

übernommen aus: EVERS 1976, S 106

Im Iran und Irak, in Venezuela und Indonesien wurde bald gefördert, und die Exploration geriet derweil immer intensiver.

Die USA galten allerdings zwischen den beiden Weltkriegen als das Ölland schlechthin, da sie einerseits über große Erdölreserven verfügten und andererseits wegen ihres extensiven Ölkonsums auch eine starke Ölindustrie besaßen. Kurz vor Ausbruch des Zweiten Weltkrieges war es dann auch in Kuwait und Saudi-Arabien soweit, dass die Ausbeutung der dort entdeckten riesigen Vorkommen beginnen konnte.

Der Zweite Weltkrieg unterbrach die vielversprechende Tätigkeit der Ölgesellschaften im Nahen Osten. Statt dessen wurden die amerikanischen Ölvorkommen derart ausgenutzt, dass der amerikanische Erdölexport allmählich eingestellt werden musste.

Nach Beendigung des Krieges erhielt dann die Erdölförderung in Nahost neuen Auftrieb, zumal Nordamerika sich immer mehr zu einem Zuschussgebiet entwickelte. So musste nicht nur der stark ansteigende westeuropäische Ölverbrauch, sondern auch die ebenfalls größer werdende Öleinfuhr des zu jener Zeit größten Förderlandes, der USA, durch Öl aus Venezuela und Nahost gedeckt werden.

In schneller Folge wurden riesige Ölvorkommen im Nahen Osten ausgemacht, so dass bereits Mitte der fünfziger Jahre der Anteil der nahöstlichen Erdölreserven an den in der gesamten Welt entdeckten Ölvorkommen mehr als sechzig Prozent betrug.

Die in den USA und Großbritannien aufgeblühten Ölkonzerne entwickelten bei ihrer Tätigkeit zunehmend selbstherrlichere Methoden, die ihren Anteil zur Irankrise (1951 – 1954) beisteuerten. Die erfolglosen Emanzipierungsversuche des Iran vermochten zunächst die übrigen Ölförderländer einzuschüchtern, jedoch relativierten zunehmende sowjetische Einflüsse im arabischen Raum die Macht der Industrieländer und der für sie tätigen Ölmultis (man erinnere sich nur an das Ägypten der fünfziger Jahre).

Die durch Gamal Abdel Nasser 1956 herbeigeführte Suez-Krise ist ein Beleg für die sich allmählich verändernden Machtverhältnisse: die ehemals in Nahost und Nordafrika etablierten Kolonialmächte England und Frankreich verloren zusehends an

Bedeutung. Inzwischen entdeckten die Ölförderländer, dass sie durch gemeinsame Verfechtung ihrer Interessen weniger wehrlos gegen die Willkür der Industrieländer und ihrer Ölkonzerne waren als durch vereinzelte Widerstandsversuche.

So entstand schließlich 1960 die OPEC (Organization of Petroleum Exporting Countries). Die Ölländer benutzten dieses neue Instrument ihrer Organisation zunächst zur Durchsetzung stabiler Einkünfte gegen die Ölkonzerne. Später, unmittelbar nach dem Sechs-Tage-Krieg mit Israel im Jahr 1967, probten sie ihr erstes Ölembargo gegen die USA, Großbritannien und die Bundesrepublik Deutschland.

Doch trotz der drei Monate langen Dauer des Embargos bewirkte es wenig, zum einen wegen der damals von den betroffenen Ländern verfolgten Politik der Vorratshaltung, so dass das Embargo eine gewisse Zeit überbrückt werden konnte, zum anderen durch zusätzliche Beanspruchung der venezolanischen und iranischen Förderung, die um ein Vielfaches anstieg.[2] Dadurch wurde dieses Ereignis in den westlichen Industrieländern eher als Randerscheinung des Nahost-Krieges gewertet, inszeniert von ohnmächtigen Arabern.

Vor allem dies hatte zur Folge, dass die Vorratspolitik aufgegeben wurde, da man annahm, dass die Ölländer sich des Mittels Embargo wegen dessen Unwirksamkeit und seiner Nachteile für die Ölländer selbst nicht mehr bedienen würden.

---

2   Lieser, 1975, S. 30 f

Anfang der siebziger Jahre begann die OPEC plötzlich, Aufmerksamkeit zu erregen: die Ölpreise stiegen. Dies wiederholte sich nun regelmäßig, was jedes mal eine Welle der Empörung in der Öffentlichkeit der westlichen Industrieländer provozierte. Ihren Höhepunkt erreichte diese Entwicklung nach Ausbruch des vierten Nahost-Krieges, des Jom-Kippur-Kriegs am jüdischen Jom-Kippur-Tag, dem 6. Oktober 1973, in dem Ägypten einen großen Teil seiner im Sechs-Tage-Krieg verlorenen Sinai-Besitzungen einschließlich wichtiger Ölfelder zurück eroberte.[3]

Auch als zu Beginn der siebziger Jahre in der damaligen Sowjetunion umfangreiche Ölvorkommen in Westsibirien entdeckt wurden, sank der nahöstliche Anteil nicht unter 50 Prozent und stieg danach wieder geringfügig an. Bis heute ist der Nahe Osten das wichtigste Ölfördergebiet, was auch im Umfang der Förderung seinen Niederschlag findet.

Die Waffe Ölembargo setzte wieder ein und verursachte große Panik unter den Ölimportländern, zumal in den USA, Japan und Westeuropa der Ölverbrauch von 1,5 Milliarden Tonnen im Jahre 1967 auf mehr als 2,3 Milliarden Tonnen in 1973 gestiegen war.[4] Die Ölländer taten ein Übriges: Zur Drosselung der Ölproduktion um 12 % gesellten sie in kurz aufeinander folgenden Konferenzen innerhalb dreier Monate eine stufenweise Ölpreiserhöhung von insgesamt 400 Prozent.[5]

Dies löste einen dermaßen ungeheuren Schock auf die Öffentlichkeit der westlichen Industrieländer aus, dass in der Folge

---

3   Oktoberkrieg und Truppenentflechtung, Spiegel Nr. 32, 1978, S. 201
4   The British Petroleum Company Ltd. (BP), 1976, S. 20
5   Lieser, 1975, S. 21

politisch-wirtschaftliche Turbulenzen das Wirtschaftswachstum der Industrieländer ins Wanken brachten: „Handels- und Zahlungsbilanzen geraten in Unordnung, die Inflationsraten steigen an, wachsende Arbeitslosigkeit grassiert, die Bruttosozialprodukte der westlichen Industriestaaten weisen nur noch minimale Steigerungsraten auf, und jedes Mal, wenn die Kriegsgefahr im Nahen Osten erneut virulent wird, erheben sich die larmoyanten Stimmen der Politiker, der öffentlichen Medien sowie der als Energie-Verbraucher empfindlich getroffenen Bürger."[6]

Während im Nahen Osten Friedensbemühungen in Gang kamen, machten sich die westlichen Industrieländer daran, die Ölkrise oder, wie sie zunehmend genannt wurde, die Energiekrise, ihre Ursachen und Folgen zu analysieren, um ähnlichen Entwicklungen in Zukunft besser begegnen zu können. Es entstand die Internationale Energie-Agentur (IEA), eine Unterorganisation der OECD.

Diese IEA sollte nun ein Instrument für die beteiligten Industriestaaten darstellen, um sowohl gegenüber Unbequemlichkeiten seitens der OPEC gesichert zu sein, als auch den Dialog mit den Ölländern zu suchen und weiter zu entwickeln, als auch drittens alternative Energiequellen gezielter als bisher zugunsten größerer Unabhängigkeit von der OPEC anzuwenden.

Ein Weiteres erreichte die Ölkrise: Die Zuwendung zu den rohstoffarmen Entwicklungsländern wurde intensiviert. Durch die immens gestiegenen Ölpreise waren gerade diese ärmsten unter den Entwicklungsländern so in Zahlungsschwierigkeiten geraten,

---

6   Ebenda

dass ihre Kredite in extremer Weise in die Höhe schnellten, so dass sie zuweilen die Zinsen kaum bezahlen konnten. So versuchten OPEC und IEA mit allen Mitteln, diesen durch die negative Entwicklung der Weltwirtschaft und durch ihre eigene Apathie (und damit auch ihre massenhafte Unterernährung) schwer geschädigten und ohnehin hilfsbedürftigen Ländern notdürftig zu helfen.

Die energiewirtschaftlichen Interessenlagen der wichtigen Mitglieder der IEA sind seit jeher recht verschieden. So musste Japan seinen kompletten Mineralölverbrauch importieren, das waren 1974 immerhin mehr als 74 % des Jahresenergieverbrauchs.

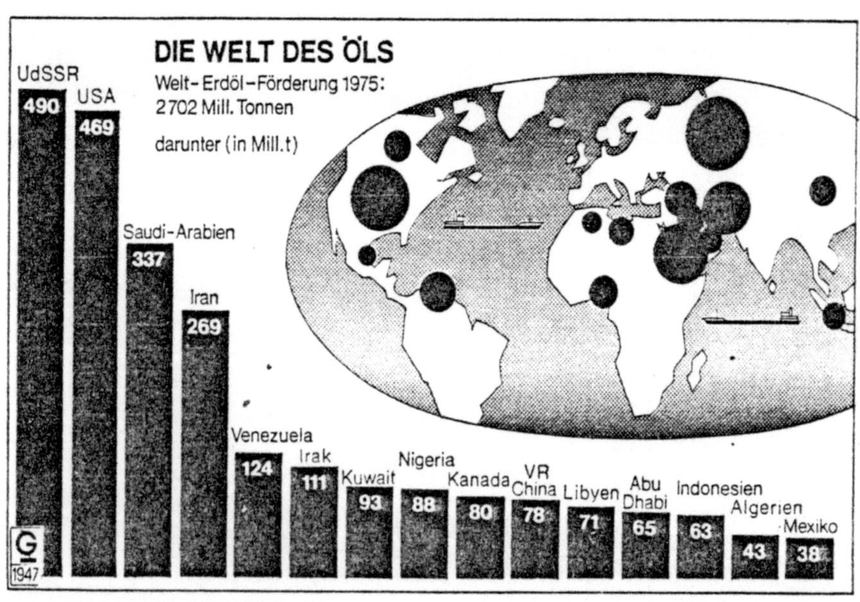

übernommen aus: FERNAU 1976, S 94

Der Ausbau der Kernenergie stieß damals auf große Vorbehalte der japanischen Öffentlichkeit. Die traditionell wenig exportabhängige amerikanische Wirtschaft war und ist auf fremde Märkte längst nicht in dem Maße angewiesen wie die westeuropäische oder japanische. Im allgemeinpolitischen Bereich allerdings sind die Vereinigten Staaten als Führungsmacht der westlichen Welt besonders empfindlich für Wechselwirkungen zwischen wirtschaftlichen Problemen und ihrer außenpolitischen Handlungsfreiheit. Daher motivieren nicht nur ökonomische, sondern fast mehr noch allgemeinpolitische Interessen die Vereinigten Staaten zur Zusammenarbeit innerhalb der Energieagentur.

Die westeuropäische Haltung zur IEA war recht differenziert. So wurden seit Ende der sechziger Jahre beträchtliche Ölvorkommen im Bereich der britischen und norwegischen Nordsee entdeckt. Überdies besitzen Großbritannien und die Bundesrepublik Deutschland mächtige Kohlevorkommen. Außerdem verfügen die Niederlande und in Maßen Großbritannien über Erdgasvorkommen, die den niederländischen Primärenergieverbrauch zu fast der Hälfte decken. Ausgesprochen arm an eigenen Ressourcen von Primärenergieträgern sind dagegen Frankreich und Italien, die einen erheblichen Teil ihres Primärenergieverbrauchs durch Importe decken müssen.

Die Rolle der Öl- und Gaskonzerne hat sich seit der Ölkrise sehr stark gewandelt. „Die Ölgesellschaften sind in den OPEC-Ländern nicht mehr Eigentümer des dort geförderten Rohöls. Sie wurden einerseits zu Rohölkäufern, wobei sie teilweise längerfristige Bezugsmöglichkeiten vertraglich sichern konnten; andererseits wurden sie Service-Anbieter, die – wiederum auf vertraglicher Basis – für die Ölländer Rohölförderung und Exploration betreiben."[7] Dass die Ölkonzerne die Preisdiktate der OPEC an die Käufer weitergaben, war schlechterdings eine Notwendigkeit.

Die Aufgaben der Exploration und Aufschließung neuer Erdölfelder, die zudem immer teurer wurden und immer aufwendigere Techniken erforderten, verlangten Riesensummen an Investitionskapital, so dass die Konzerne sich während der Krise nur konsequent verhielten, wenn sie sich ein wenig an den Preissteigerungen beteiligten. Nicht erst bei dieser Gelegenheit kamen auch alternative Energiequellen ins Gespräch, nicht nur die Kernenergie, die schon vor der Ölkrise zuweilen Unbehagen weckte. Die abzusehende Erschöpfung der Erdölvorkommen (bei konstanter Förderung von drei Milliarden Tonnen pro Jahr reichte das bis dahin entdeckte Erdöl noch für 30 Jahre)[8] zwang zum Nachdenken über alternative Verfahren zur Energiegewinnung.

Vor allem war zunächst für eine effektivere Nutzung der Energie zu sorgen. Die seit jeher in Nordamerika übliche extensive Energieverschwendung war längst nicht mehr Vorbild für die westeuropäische Energiepolitik. Dennoch war auch hierzulande der Wirkungsgrad der Energieausnutzung zu niedrig. Diesen Wirkungsgrad galt es also zu erhöhen.

Mit Hilfe alternativer Energiequellen und effektiverer Energienutzung erzielte die Weltwirtschaft im Verlauf der Jahre von 1975 bis 1985 eine Reduzierung des Erdölverbrauchs. Mit dem Rückgang der Förderung war eine anhaltende Umstrukturierung der Welterdölgewinnung verbunden. In Westeuropa, Nordamerika und

---

7   Burchard 1076, S. 124
8   BP 1976, S. 4, 20

Afrika nahm die Förderung zu, während sie im Nahen Osten stark reduziert wurde, hauptsächlich, um den Ölpreis stabil zu halten. Hier nahm die Förderung von knapp 970 Millionen Tonnen auf rund 506 Millionen Tonnen ab.[9]

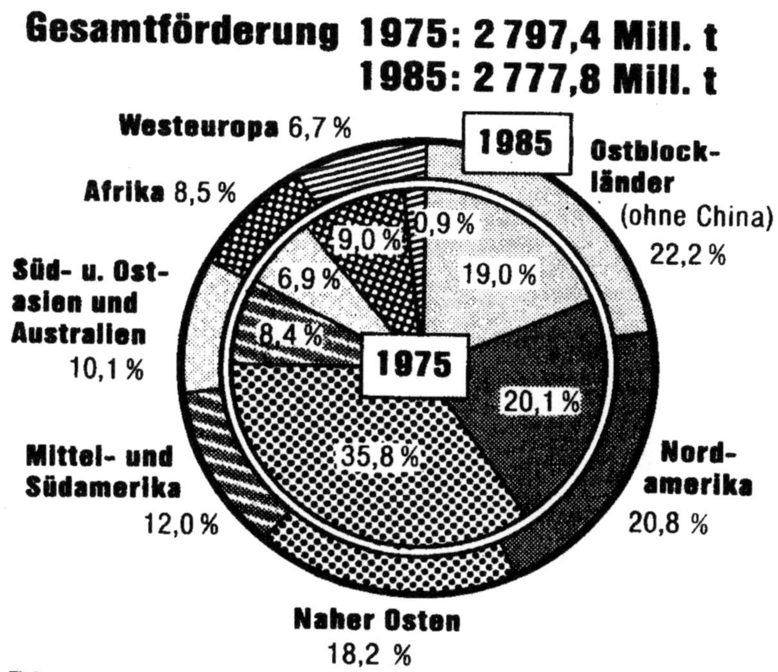

Die veränderten Schwerpunkträume der Erdölförderung 1975–1985

„Der Anteil der OPEC-Länder … an der Welt-Erdölförderung betrug 1985 nur noch 29 % (1973 dagegen 54 %). Dies entsprach weniger als der Hälfte der Förderkapazität dieser Länder und lag noch unter der Fördermenge, die festgelegt worden war, um den

---

9   Der Fischer Weltalmanach 1987, S. 861f, mit Abbildung

Preis durch die Verhinderung weiteren Überangebots zu stabilisieren."[10] Der Erdölmarkt war zum Käufermarkt mit Angebotsüberschüssen geworden.

„Der Weltverbrauch von Primärenergie stieg 1970-80 um 34,5 %, 1980-90 um 21,7 %. Diese Verlangsamung des Verbrauchsanstiegs setzte sich in den 90er Jahren fort; der Verbrauch erhöht sich derzeit jährlich um rd. 1 % und liegt damit wesentlich unter dem globalen Wirtschaftswachstum sowie unter der weltweiten Bevölkerungszunahme.

Der wichtigste Energieträger ist – global gesehen – mit großem Abstand das Erdöl (1993: 36,8 %)."[11]

Der Erdgasverbrauch stieg seit den 70er Jahren wesentlich stärker an als die gesamte Zunahme des Energieverbrauchs. Sein Anteil stieg von 19,5 % im Jahr 1970 auf 24,0 % in 1993.

Der Anteil der festen Energierohstoffe Stein- und Braunkohle (zweitwichtigster Energieträger) sank von 32,9 % in 1970 auf 28,9 % in 1993.

„Die höchsten Zuwachsraten verzeichnete der Einsatz der Kernenergie, v. a. bis Mitte der 80er Jahre (1970: 0,1 %; 1980: 1,2 %; 1985: 5,5 %; 1990: 6,8 %). In den letzten Jahren stagnierte der Anteil bei 7,2 %."[12]

---

10 Ebenda S. 863
11 Der Fischer Weltalmanach 1997, S. 1052
12 Ebenda S. 1053f mit Tabelle

Einsatz von Energieträgern für den Welt-Energieverbrauch 1970–1992
(nur kommerzielle Energie) nach »Yearbook of World Energy Statistics«, UNO

	1970		1980		1990		1992		1993	
	Mrd. t SKE	%	Mrd. t SKE	%	Mrd. t SKE	%	Mrd. t SKE	%	Mrd. t SKE	%
Erdöl	3,009	45,3	3,835	44,6	4,011	36,9	4,028	36,7	4,074	36,8
Kohle	2,184	32,9	2,623	30,5	3,239	29,8	3,226	29,4	3,207	28,9
Erdgas und Stadtgas	1,293	19,5	1,836	21,4	2,563	23,6	2,596	23,7	2,659	24,0
Kernenergie	0,010	0,1	0,101	1,2	0,738	6,8	0,792	7,2	0,806	7,2
Wasserkraft, Sonstige	0,145	2,2	0,198	2,3	0,314	2,9	0,319	3,0	0,339	3,1
Insgesamt	6,641	100,0	8,593	100,0	10,865	100,0	10,961	100,0	11,085	100,0

Die Tabelle zeigt den globalen Einsatz der wichtigsten Energieträger und ihre Veränderungen bezüglich des Verbrauchs bis 1993. Solche Berechnungen können in verschiedenen Quellen beträchtlich voneinander abweichen, je nach Umrechnungsmodus und nach Ausmaß der Einbeziehung nichtkommerzieller Energieträger (z. B. tierische Energie, wie Zug- oder Lasttiere, Brennholz, privat genutzte Wind- und Wasserkräfte, Solarenergie u. ä.).

Über die folgenden zehn Jahre ergibt sich eine erneute Verbrauchserhöhung um etwa 11 %, in der die Bedeutung des Erdöls durch den Zuwachs an Erdgas abnimmt auf 34,3 % im Jahr 2002. Erdgas und Stadtgas haben nun mit Kohle (Stein- und Braunkohle) an Bedeutung fast gleichgezogen mit etwas mehr als 27 % des Gesamtverbrauchs.[13]

Einsatz von Energieträgern für den Welt-Energieverbrauch
(nur kommerzielle Energie)

	1970		1980		1990		2000		2002	
	Mrd. t SKE	%	Mrd. t SKE	%	Mrd. t SKE	%	Mrd. t SKE	%	Mrd. t SKE	%
Erdöl	3,009	45,3	3,835	44,6	4,011	36,9	4,311	35,3	4,361	34,3
Kohle (Stein- und Braunkohle)	2,184	32,9	2,623	30,5	3,239	29,8	3,217	26,4	3,496	27,5
Erdgas und Stadtgas	1,293	19,5	1,836	21,4	2,563	23,6	3,319	27,2	3,459	27,2
Kernenergie	0,010	0,1	0,101	1,2	0,738	6,8	0,947	7,8	0,981	7,8
Wasserkraft, Windkraft, Sonstige	0,145	2,2	0,198	2,3	0,314	2,9	0,404	3,3	0,401	3,3
Verbrauch Insgesamt	6,641	100,0	8,593	100,0	10,865	100,0	12,198	100,0	12,698	100,0

Quelle: Yearbook of World Energy Statistics, UN

---

13 Der Fischer Weltalmanach 2007, S. 672f mit Tabelle

Im Gesamtverbrauch schlägt sich auch der rasch zunehmende chinesische Verbrauch nieder, denn inzwischen ist China zum zweitgrößten Energieverbraucher nach den USA aufgestiegen.[14]

Die größten Energieverbraucher
in Mio. t SKE

	2002	2001	2000	1990
USA	3177,8	3117,9	3167,2	2 686,9
VR China	1271,1	1096,4	1009,1	893,4
Russland	856,9	860,2	851,4	–
Japan	677,6	674,3	672,1	564,2
Indien	473,6	456,1	455,1	269,2
Deutschland	457,9	468,7	455,8	501,3
Kanada	352,8	348,3	354,2	291,9
Frankreich	348,8	345,9	333,2	294,7
Großbritannien	318,1	329,3	331,9	307,4
Italien	252,8	250,7	247,5	223,7
Rep. Korea	238,4	227,6	221,7	119,1
Südafrika	198,9	190,3	190,8	115,2
Mexiko	196,4	195,1	196,7	157,8
Ukraine	190,9	208,1	204,2	–
Brasilien	181,6	180,5	177,4	116,9
Spanien	165,9	158,4	156,5	80,8
Australien	160,9	166,3	157,3	127,1
Polen	120,3	123,9	122,5	96,0
u. a. Österreich	37,3	38,0	35,8	31,9
Schweiz	34,0	35	32,9	31,9

Quelle: UN

---

14 Ebenda, S. 673, mit Tabelle

Indien verbraucht inzwischen ebenfalls mehr Energie als beispielsweise Deutschland.

Es gab in diesem Zeitraum irakisch-kuweitische Auseinandersetzungen um Erdölgewinnung im gemeinsamen Grenzgebiet. Am 2.8.1990 besetzte Irak Kuweit und erklärte Kuweit zur 19. Irakischen Provinz. Das führte nach Sanktionen und UN-Resolutionen am 17.1.1991 zum zweiten Golfkrieg,[15] der den Rückzug des Irak zur Folge hatte, aber brennende Ölfelder hinterließ. Davon wurde allerdings die Weltenergiewirtschaft wenig erschüttert.

Zehn Jahre später, am 11.9.2001, wurden die beiden Hochhäuser des World Trade Centers in New York und das Pentagon durch Terroranschläge zerstört bzw. beschädigt. Der Irak weigerte sich, diese Terroranschläge zu verurteilen. Das führte zu einem weiteren Irakkrieg am 20.3.2003 durch die Intervention der USA und Großbritanniens, dieses Mal ohne UN-Mandat.[16] Aber auch hierdurch wurde die Weltenergiewirtschaft wenig tangiert.

Regenerative Energiequellen wie Wasserkraft, Sonnen- und Windenergie sowie Biomasse spielen zu diesem Zeitpunkt noch keine wesentliche Rolle, obwohl sich inzwischen gezeigt hat, dass Kohlendioxid als Treibhausgas angesichts der ausgestoßenen Menge hauptsächlich zur Klimaerwärmung beiträgt.

Wasserstoff als Energieträger ist erst in geringem Maße verfügbar und wird unter Einsatz von fossilen Energieträgern erzeugt anstatt durch regenerative Energie wie beispielsweise überschüssige Sonnen- oder Windenergie. Erste zaghafte Schritte deuten sich erst ein

---

15 DIE ZEIT: Das Lexikon in 20 Bänden, Hamburg 2005, Band 07, S. 134
16 Ebenda, S. 135

Jahrzehnt später an. Ein Versuch, die arabischen, von der Sonne verwöhnten Länder davon zu überzeugen, dass sie für die Nach-Erdöl-Zeitalter vorbereitend investieren könnten, mündeten in dem aberwitzigen Ansinnen, Unterstützung erhalten zu wollen, weil das bisher wertvolle Erdöl dann allmählich an Wert verliere, da es nicht mehr gebraucht werde. Das Konzept „DESERTEC", das zu diesem Zweck von namhaften Firmen ins Leben gerufen wurde, verlor dadurch wesentlich an Überzeugungskraft.[17]

Bereits 1972 wurde ein Bericht an den Club of Rome[18] bekannt mit dem Titel „Die Grenzen des Wachstums", herausgegeben von D. Meadows und anderen,[19] in dem die prinzipielle Begrenztheit der Ressourcen auf unserem Planeten eindrucksvoll beschrieben wird.

Inzwischen sind die Preise für fossile Energierohstoffe so stark angestiegen, dass es sich lohnt, in Nordamerika gefundene Teer-sande und Ölschiefer auszubeuten.

---

17 Später dazu mehr
18 Club of Rome, initiiert 1968 von Aurelio Peccei (1908 bis 1984), informeller Zusammenschluss von Wissenschaftlern, Politikern und Wirtschaftsführern aus zahlreichen Ländern
19 D. Meadows u.a., 1972

Erdöl Förderung in Mio. t	2008	2012	2013
Saudi-Arabien	509,9	549,8	542,3
Russland	493,7	526,2	531,4
USA	302,3	394,1	446,2
VR China	190,4	207,5	208,1
Kanada	152,9	182,6	193,0
Iran	214,5	177,1	166,1
Ver. Arab. Emirate	141,4	154,7	165,7
Irak	119,3	152,5	153,2
Kuwait	136,1	153,7	151,3
Mexiko	156,9	143,9	141,8
Venezuela	165,6	136,6	135,1
Nigeria	102,8	116,2	111,3
Brasilien	98,8	112,2	109,9
Angola	93,1	86,9	87,4
Katar	65,0	83,3	84,2
OPEC	**1 746,0**	**1 776,3**	**1 740,1**
Weltförderung	**3 993,2**	**4 119,8**	**4 132,9**

Quelle: BP 2014

Auch in tieferen Meeresböden explorierte Öl- und Gasvorkommen lohnen mittlerweile die Ausbeute. Das neuerdings angewandte chemische Frackingverfahren zur Gas- und Ölgewinnung aus größeren Tiefen hat die USA sogar erheblich weniger abhängig von Gasimporten werden lassen.[20]

---

20 Springer, Michael: Wird Fracking den Energiehunger stillen? In: Spektrum der Wissenschaft 8/14 S. 20

„Die nachgewiesenen und gewinnbaren Reserven von Erdöl blieben 2013 im Vergleich zum Vorjahr konstant und beliefen sich nach Angaben von BP auf 1687,9 Mrd. Barrel. Die statische Reichweite von Erdöl beträgt damit 53,3 Jahre; in Europa (einschließlich Russland und der GUS-Staaten) 23,4 Jahre, im Nahen Osten dagegen 78,1 Jahre... 72% der Reserven entfallen auf OPEC-Staaten, davon rd. drei Viertel auf den Nahen Osten. Die OECD-Staaten kommen dagegen nur auf 15%.

Diese Zahlen unterstreichen die Bedeutung der OPEC und insbesondere der Golfregion für die künftige Versorgung mit Erdöl. Wie im Vorjahr war Venezuela 2013 der erdölreichste Staat der Welt und verfügte über 18% aller bestätigten Reserven. Auf Saudi-Arabien entfielen 16%, auf Kanada 10%, auf Iran und Irak jeweils 9% und auf Kuwait 6%. Den Reserven von nicht-konventionellem Erdöl, beispielsweise Schwerstölen in Venezuela, Ölsanden in Kanada und Russland sowie Ölschiefer in den USA und Kanada, wird in Zukunft eine immer größere Rolle bei der Energieversorgung zukommen. Die Rohölpreise erhöhten sich im Zeitraum 2002–08 in einem vorher nicht für möglich gehaltenen Ausmaß. Das Maximum erreichte der Rohölpreis am 11.7.2008 mit 147,50 US-$/Barrel der Nordseesorte Brent. Damit war Erdöl fünfmal so teuer wie 2002. Die Mitte 2008 einsetzende globale Wirtschafts- und Finanzkrise ließ die Erdölpreise im Dezember 2008 bis auf rd. 38 US-$/Barrel fallen. Seit Anfang 2009 erholten sich die Preise deutlich und überschritten Anfang 2011 wieder die Marke von 100 US-$/Barrel, um die sie seitdem pendeln. Die Preise der Rohölsorte Brent notierten im Jahresmittel 2011 und

2012 bei rd. 111 US-$/Barrel und zeigten 2013 eine leicht sinkende Tendenz auf 108,66 US-$/Barrel"[21].

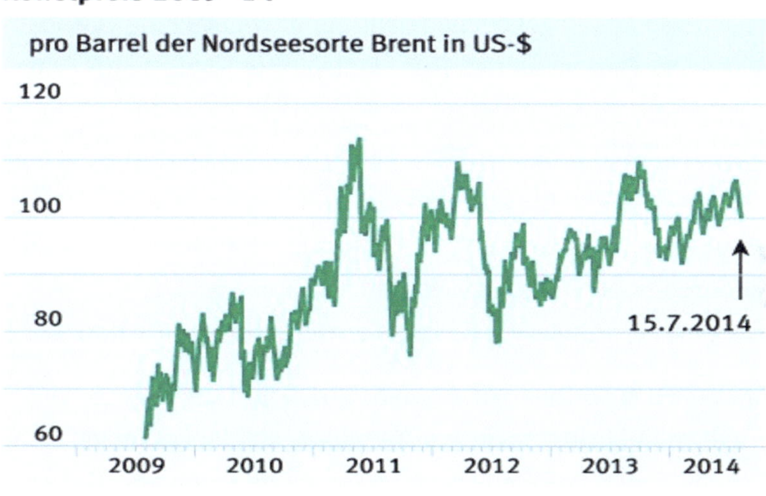

Quelle: finanzen.net 2014

Die Preisproblematik der fossilen Energierohstoffe führte zu verstärkten Anstrengungen beim Ausbau der Kernenergie. Uran musste für die friedliche Nutzung in Kernkraftwerken nicht hoch angereichert werden (bis zu 4% spaltbares U235 im Gemisch mit U238). Normalerweise besteht gefördertes Uran zu 99,3% aus U238. In Gaszentrifugen wird der Anteil von U238 aber verringert, so dass das Urangemisch für die gewünschte Kettenreaktion im Reaktor nutzbar wird. Im Reaktor fangen etliche U238-Atome langsame Neutronen ein, so dass ein gewisser Anteil Plutonium Pu239 daraus entsteht, das wiederum für die Kettenreaktion nutzbar ist.[22]

---

21 Der neue Fischer Weltalmanach 2015, S. 662, mit Tabelle S. 21 und Grafik
22 Lexikon der Physik, 2000. Spektrum Akademischer Verlag GmbH Heidelberg, Band 5 S. 348f, Band 4 S. 294f

Die mögliche „Erbrütung" von Pu239 aus U238 in sogenannten
Brutreaktoren war mit ein Grund zu der Annahme, dass der Kern-
brennstoff Uran noch etliche Jahrhunderte genutzt werden konnte.
In der 1980 herausgegebenen deutschen Übersetzung „Global
2000 – Der Bericht an den Präsidenten"[23] wird auf Seite 72 und
folgende die Steigerungsrate des Kernenergieausbaus mit mehr als
200 % bis 1990 prognostiziert. Dass diese Technologie doch nicht
so sicher war, wie die Energiewirtschaft behauptete, erfuhr die
Weltbevölkerung dann allmählich durch viele Beinahe-Unfälle
und durch Super-GAU (größter anzunehmender Unfall: GAU,
gesteigert zum Super-GAU mit Kernschmelze im Reaktor).

Inzwischen schreiben wir das Jahr 2015, und der bereits erwähnte
Klimawandel bringt nicht nur messbare, sondern auch gefühlte
jährliche Erderwärmung hervor. Wie weiter unten ausführlich
dargelegt wird, führt die hemmungslose Nutzung fossiler Energierohstoffe wie Erdöl, Kohle und Erdgas zu einer erheblichen Steigerung von Kohlendioxyd in der Erdatmosphäre. Dadurch bildet
sich ein Treibhauseffekt um den Globus heraus, der Gletscher
schmelzen lässt, die Eisdecke am Nordpol verkleinert und an
Teilen des Südpols und auf Grönland und Alaska verdünnt. Die
Folge ist ein allmählicher Anstieg des Ozeanspiegels, so dass
kleinere Pazifik-Inseln bereits evakuiert werden müssen. Dies
lässt Staaten, die es sich leisten können, effektivere Energienutzung einführen und den Einsatz alternativer Energiequellen
wie Photovoltaik und Windenergie fördern. Zusammen mit dem
Einsatz der oben erwähnten Fracking-Technologie und der

---

23 US-Außenministerium u. a.: The Global 2000 Report to the President,
    Washington 1980

Nutzung von Teersanden in Nordamerika ergibt sich für Erdöl ein Überschuss, der sich im Ölpreis niederschlägt.

Die Wochenzeitung „DIE ZEIT" brachte am 8. Januar 2015 einen Artikel über den Ölkonzern Petrobras in Brasilien, in dem dieser Sachverhalt geschildert wird.[24] Danach hat der Ölpreis sich innerhalb eines halben Jahres halbiert.

Preissturz

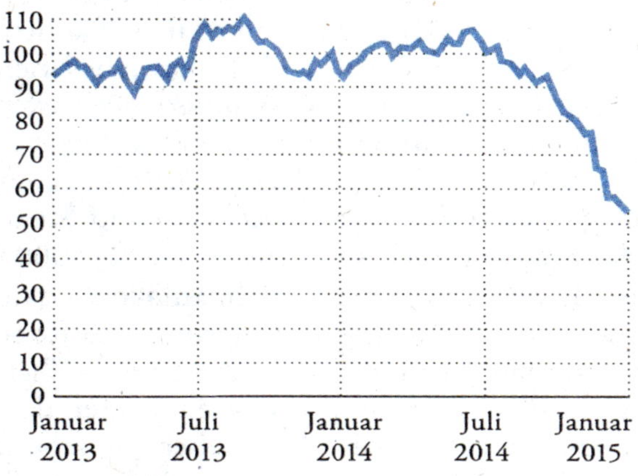

ZEIT-GRAFIK/Quelle: Onvista

Da einerseits die Vorkommen der fossilen Energierohstoffe prinzipiell begrenzt sind und andererseits durch ihre Nutzung das Weltklima sich zu unserem Nachteil entwickelt, stellt sich die Frage, ob sich Energiegewinnung nicht auf eine Kombination aus

---

24 Thomas Fischermann: Es läuft wie schlecht geschmiert. In: DIE ZEIT No 2 2015 S. 25, mit Grafik

erneuerbaren und klimaneutralen Energiequellen wie Photovoltaik und Windenergie und zunehmender Wasserstoffwirtschaft (z. B. als Speichertechnologie) weiterentwickeln lässt.

Die fossilen Energierohstoffe könnten in der Erde gespeichert und nur bei günstigeren Umweltbedingungen wieder gefördert werden. Die Herstellung von Schmierölen und Kunststoffen kann in zunehmendem Maße durch nachwachsende Rohstoffe erfolgen.

Momentan herrscht allerdings weiterhin eine Steigerung der Ölförderung, während der Verbrauch allmählich stagniert. Der Ölpreis bleibt dadurch weiterhin niedrig, so dass die Motivation, auf erneuerbare Energieerzeugung umzusteigen, nicht leicht zu steigern ist.

„Die nachgewiesenen und gewinnbaren **Reserven von Erdöl** blieben 2014 im Vergleich zum Vorjahr konstant und beliefen sich nach Angaben von BP auf 1700,1 Mrd. Barrel. Die statische Reichweite von Erdöl betrug damit 52,5 Jahre; in Europa (einschließlich Russland und der GUS-Staaten) 24,7 Jahre, im Nahen Osten dagegen 77,8 Jahre. Die Neubewertung der Reserven in Venezuela im Jahr 2011 führte zu einer Steigerung der statischen Reichweite der Erdölreserven in Mittel- und Südamerika auf weit über 100 Jahre – den höchsten Wert weltweit."[25]

---

25 Der neue Fischer Weltalmanach 2016, S. 661f, mit Tabelle

Erdöl Förderung in Mio. t

	2009	2013	2014
Saudi-Arabien	456,7	538,4	543,4
Russland	500,8	531,0	534,1
USA	322,3	448,5	519,9
VR China	189,5	210,0	211,4
Kanada	152,8	194,4	209,8
Iran	205,5	165,8	169,2
Ver. Arab. Emirate	126,2	165,7	167,3
Irak	119,9	153,2	160,3
Kuwait	121,2	151,5	150,8
Venezuela	155,7	137,9	139,5
EU	**99,8**	**68,5**	**67,0**
OPEC	**1 622,6**	**1 734,4**	**1 729,6**
Weltförderung	**3 885,8**	**4 126,6**	**4 220,6**

Quelle: BP 2015

2. Entwicklung der Kernenergie

Hiroshima: Ruine des Gebäudes der Industrie- und Handelskammer (»Atombombendom«), Mahnmal zum Gedenken an die Atombombenexplosion von 1945

Während des zweiten Weltkriegs wurde die Kernspaltung erforscht und bis zur Atombombe entwickelt. Am Ende des Krieges im Jahre 1945 wurden je eine Kernspaltungsbombe auf die japanischen Städte Hiroshima und Nagasaki abgeworfen. „Der Abwurf einer US-amerikan. Atombombe auf H. am 6.8.1945 (erster Kernwaffeneinsatz) forderte etwa 200 000 Tote (viele Opfer durch Spätfolgen) und zerstörte die Stadt zu 80 %; ab 1949 Wiederaufbau."[26]

Nach dem Krieg wurden von den Siegermächten Kernfusionsbomben, auch Wasserstoffbomben genannt, entwickelt und getestet, kamen aber bisher glücklicherweise nicht zum Einsatz. Die Nutzung der Kernenergie für friedliche Energiegewinnung gelang danach bis jetzt nur bezüglich der Kernspaltung. Die Nutzung der Kernfusion zur Energieerzeugung ist bisher wirtschaftlich noch nicht möglich. Auch in der Bundesrepublik Deutschland wurde die Entwicklung der Kernenergie zur friedlichen Energieerzeugung vorangetrieben.

Im Jahr 1956 entstand eine Atomkommission, die die Bundesregierung gesetzgeberisch beraten sollte. Diese wurde später nicht mehr benötigt und 1971 aufgelöst.[27]

„ In Biblis am Rhein, nahe bei Worms, übertreffen gewaltige Bauwerke in ihrer Höhe und Masse nicht nur den ehrwürdigen Dom der alten Kaiserstadt, sondern auch alles, was jemals in dieser Gegend gebaut worden ist.

---

26 DIE ZEIT: Das Lexikon in 20 Bänden, Band 06, S. 423 mit Abbildung
27 Winnacker/Wirtz 1975, S. 76ff

Es sind Reaktorkuppeln und Kühltürme zweier Kernkraftwerke mit einer Leistung von zusammen 2500 Millionen Watt. …

Diese zwei Großkraftwerke sind die zur Zeit größten Repräsentanten der Generation der Leichtwasserreaktoren. Solche Kraftwerke entstehen gegenwärtig in vielen Industrieländern und auch an verschiedenen Orten Westdeutschlands. Sie werden für die nächsten ein oder zwei Jahrzehnte die erste Entwicklungsstufe in der Nutzung der Kernenergie sein."[28]

Am 26.04.1986 kam es im ukrainischen Tschernobyl zur bis dahin größten Reaktorkatastrophe der zivilen Kernkraftnutzung.[29]

„Während eines Tests an den Turbogeneratoren des Blocks 4 kam es unter veränderten Betriebsbedingungen des Reaktors infolge eines sekundenschnellen, nicht mehr beeinflussbaren Leistungsanstiegs zu mehreren Dampfexplosionen und Bränden, die den Reaktor vollkommen zerstörten."[30] Aus dem Leck des beschädigten Reaktorkerns entwich eine radioaktive Wolke, die sich bis nach Skandinavien und Westeuropa erstreckte. Die sowjetische Informationspolitik versuchte zunächst, die Katastrophe zu verharmlosen. Erst sechs Tage nach dem radioaktiven Fall-Out wurde die Hilfe ausländischer Spezialisten akzeptiert.

28 Ebenda, S. 191
29 Der Fischer Weltalmanach 1987, S. 216ff
30 DIE ZEIT: Das Lexikon in 20 Bänden, Band 15, S. 110f, mit Abbildung

Tschernobyl: Blick auf Block 4 des Kernkraftwerks nach der Explosion am 26. 4. 1986

Der damalige sowjetische Generalsekretär Gorbatschow äußerte sich erstmals am 14.05.1986 in einer Fernsehrede zu diesem Vor-

fall. Erst zwei Wochen nach dem Unfall konnte der Brennprozess
im Graphit-Teil des Reaktors gestoppt werden. Offiziell erlitten
203 Werksangestellte schwere Strahlenschäden, 17 starben an Ver-
brennungen, 15 an Verstrahlung. 45.000 Menschen wurden aus
den betroffenen Gebieten evakuiert, später weitere 90.000 Einwohner (offizielle Mitteilung).[31]

„Die Katastrophe sei entstanden, als ein falsch konzipierter Test
des Sicherheitssystems durchgeführt worden sei.“[32]

Die Karte auf den nächsten Seite zeigt die Verbreitung der Kernkraftwerke in der damaligen Sowjetunion. Der Reaktortyp in
Tschernobyl war ein Leichtwasser-Graphit-Reaktor, auch Siede-
wasserreaktor genannt (SWR). Reaktoren dieses Typs wurden
zunächst vorwiegend gebaut wegen ihres einfacheren und billi-
geren Aufbaus. Danach kamen Druckwasserreaktoren hinzu, die
zwar komplexer aufgebaut waren, durch getrennte Wasser- und
Dampfkreisläufe jedoch eine höhere Sicherheitsstufe erreichten.

---

31 Der Fischer Weltalmanach 1987, S. 217ff,
32 Ebenda, S. 218f, mit Karte

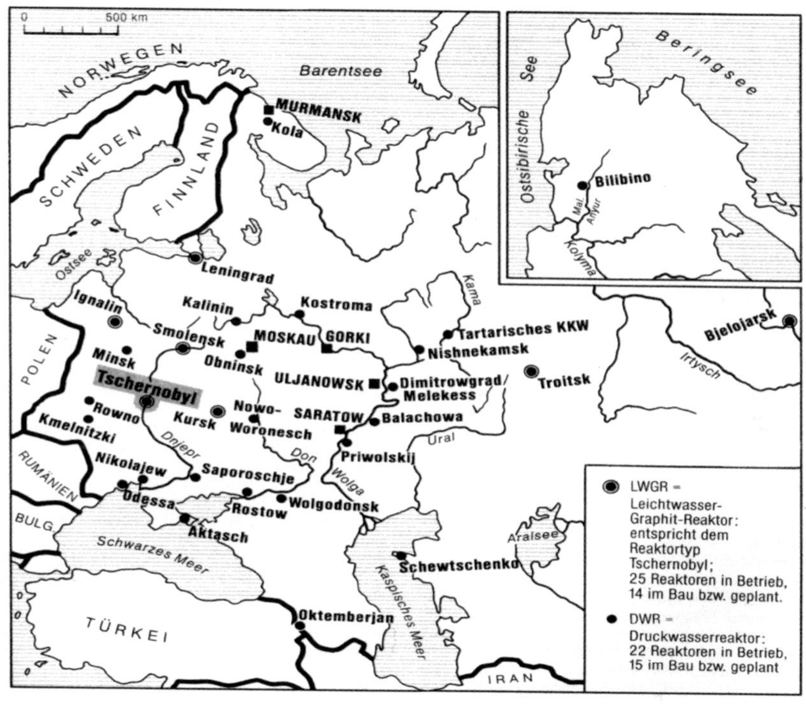

0
500 km
NORWEGEN
SCHWEDEN
FINNLAND
Barentsee
Ostsee
MURMANSK
Kola
Leningrad
Ignalin
Kalinin
Kostroma
Kama
Tartarisches KKW
Bjelojarsk
Irtysch
Smolensk
MOSKAU
GORKI
Nishnekamsk
POLEN
Minsk
Obninsk
ULJANOWSK
Dimitrowgrad/
Melekess
Troitsk
Tschernobyl
Rowno
Nowo-
SARATOW
Balachowa
Ural
Kmelnitzki
Kursk
Woronesch
Dnjepr
Don
RUMÄNIEN
Nikolajew
Saporoschje
Wolga
Priwolskij
BULG.
Odessa
Rostow
Wolgodonsk
Aktasch
Schwarzes Meer
Aralsee
Kaspisches Meer
Schewtschenko
TÜRKEI
Oktemberjan
IRAN
Ostsibirische See
Beringsee
Bilibino
Mel.
Anjur
Kolyma
LWGR =
Leichtwasser-
Graphit-Reaktor:
entspricht dem
Reaktortyp
Tschernobyl;
25 Reaktoren in Betrieb,
14 im Bau bzw. geplant.
DWR =
Druckwasserreaktor:
22 Reaktoren in Betrieb,
15 im Bau bzw. geplant

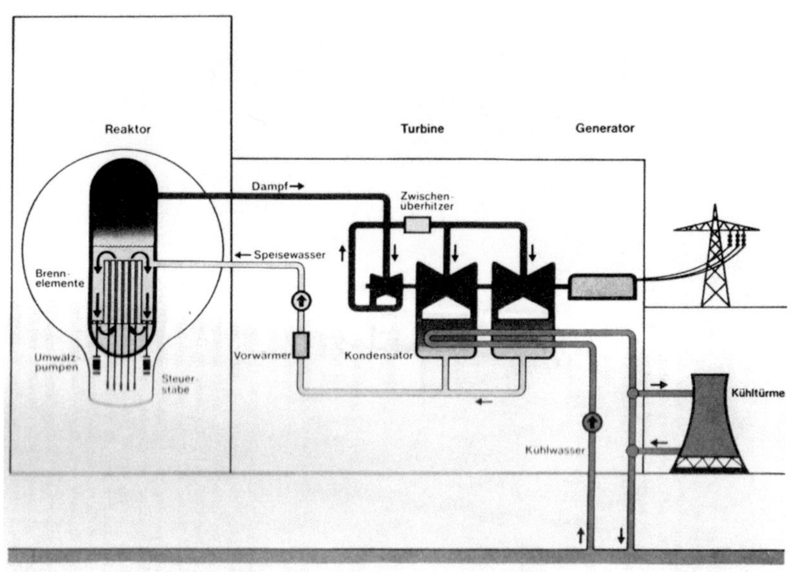

Abbildung 4   Kreisläufe eines Siedewasserreaktors [5]

„Der grundsätzliche Unterschied zwischen DWR und SWR besteht darin, daß der SWR nur einen Kreislauf hat. Der Dampf wird unmittelbar im Reaktordruckgefäß erzeugt und direkt der Turbine zugeleitet... Dabei bleibt das Reaktorcore jedoch mit Wasser bedeckt. Im Druckgefäß angeordnete Pumpen wälzen das Wasser im Kurzschluß über das Core um. Ein Teil dieses Wassers wird dabei verdampft und durch Einspeisung von Kondensatwasser ersetzt...Vorteile des SWR gegenüber dem DWR sind der einfachere Aufbau, der geringere Druck im Reaktordruckbehälter und der etwas höhere Wirkungsgrad. Diese Vorteile müssen jedoch durch die radioaktive Verseuchung der Turbine, die sich bei Verwendung des im Reaktor produzierten Dampfes nicht vermeiden läßt und Arbeiten an der Maschine erschwert, erkauft werden."[33]

---

33 Münch, Erwin 1980, S. 34f, mit Abbildung

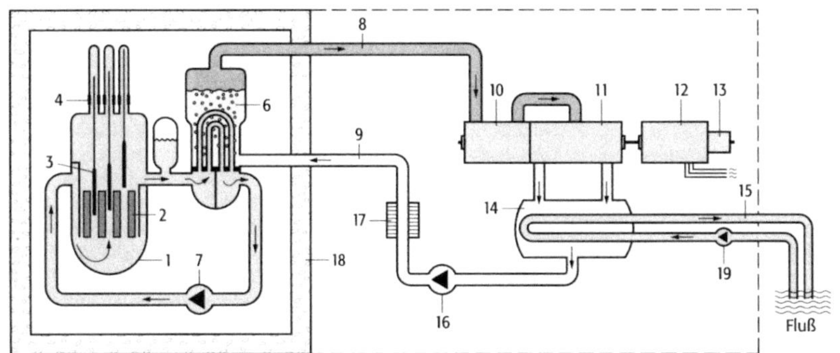

Druckwasserreaktor: Schematischer Aufbau: 1) Reaktordruckbehälter, 2) Uranbrenn-
elemente, 3) Steuerstäbe, 4) Steuerstabantriebe, 5) Druckhalter, 6) Dampferzeuger,
7) Kühlmittelpumpe, 8) Frischdampf, 9) Speisewasser, 10) Hochdruckteil der Turbine,
11) Niederdruckteil der Turbine, 12) Generator, 13) Erregermaschine, 14) Kondensator,
15) Flußwasser, 16) Speisewasser, 17) Vorwärmanlage, 18) Betonabschirmung, 19) Kühl-
wasserpumpe.[34]

Diese Abbildung zeigt den DWR schematisch. „Das Herzstück
des Reaktors, das Core, befindet sich im Innern eines massiven
Stahldruckgefäßes von 20 bis 30 cm Wanddicke. Es besteht aus
dichtgepackten dünnen Brennstäben, die in einer metallischen
Hülle den Brennstoff aus Uranoxid enthalten... Zwischen den
Brennstäben bewegen sich die Steuerstäbe aus neutronen-absor-
bierendem Material. Die Steuerstäbe werden von elektromecha-
nischen Antrieben bewegt, die auf den Deckel des Druckgefäßes
montiert sind. Die Einfahrt der Stäbe ins Core erfolgt durch
Schwerkraft. Die durch Kernspaltung in den Brennstäben entste-
hende Wärme wird von dem Wasser, das zwischen den Brennstäben hindurchgepumpt wird, aufgenommen. Das Wasser erfüllt
gleichzeitig die Aufgabe des Moderators. Das 323 °C heiße Wasser wird zum Dampferzeuger geleitet. Hier durchströmt es eine
Vielzahl kleiner Rohre, wobei die Wärme durch die Rohrwand an

---

34 Lexikon der Physik, 2000, Band 2, S. 97

das auf der Außenseite der Rohre befindliche kältere Wasser des
Sekundärkreislaufs abgegeben wird. Das Primärwasser verläßt,
auf ca. 290 °C abgekühlt, den Dampferzeuger und wird zum
Reaktordruckgefäß zurückgeführt.

Der Druck im Primärkreislauf ist mit 155 bar so hoch, daß das
Wasser trotz der Aufheizung auf 323 °C noch nicht verdampft;
daher auch die Bezeichnung Druckwasserreaktor. Der Druck auf
der Sekundärseite beträgt dagegen nur etwa 60 bar. Bei diesem
Druck und der Temperatur, die das Sekundärwasser im Dampferzeuger annimmt, kommt es zur Verdampfung des Wassers. Der
Dampf wird zum Antrieb der Turbine genutzt."[35]

In einigen Nachbarländern der damaligen Sowjetunion hatte der
Super-GAU von Tschernobyl erhebliche Auswirkungen: Polen,
Ungarn, Rumänien und Jugoslawien übten offen Kritik an der
sowjetischen Informationspolitik. Es kam zu Protestaktionen, die
die Einstellung des Baus von Kernkraftwerken forderten, und zum
Aufschub des Baus schon beschlossener Kernkraftwerke. In der
Bundesrepublik Deutschland wurde die Diskussion um die Nut-
zung der Kernkraft neu entfacht. In den Niederlanden wurden
Pläne zum Bau zweier neuer Kernkraftwerke vorerst nicht ver-
wirklicht.[36]

---

35 Münch, Erwin, 1980, S. 33
36 Der Fischer Weltalmanach 1987, S. 219

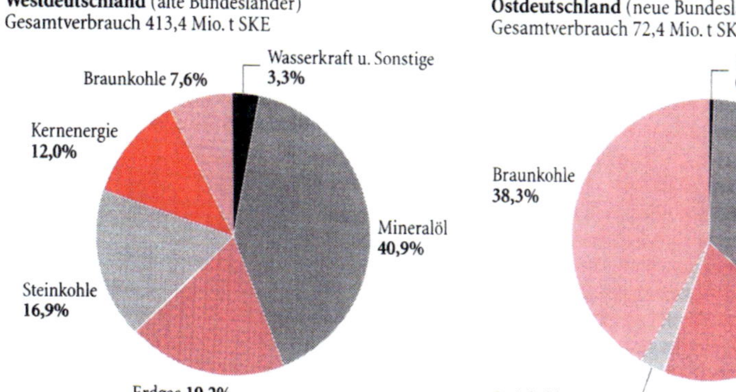

Als Beispiel für die weitere Entwicklung des Einsatzes der Kernenergie kann der Primärenergieverbrauch Deutschlands aus dem Jahr 1995 dienen. Hier hat man sich mit dem Bau weiterer Kernkraftwerke zurückgehalten, so dass Kernenergie als Energieträger in den alten Bundesländern nur zu 12 % Einsatz fand, in den neuen Bundesländern praktisch gar keine Bedeutung hatte. „Besonders ungewiß ist der künftige Anteil der Kernenergie (Prognosen zwischen 8 – 15 %, zur Stromerzeugung), da hier politische Entscheidungen eine größere Rolle spielen."[37]

Weitere zehn Jahre später hat sich der Einsatz der Kernenergie im Vergleich zum Primärenergieverbrauch in Deutschland kaum verändert. Insgesamt wurden im Jahr 2005 rund 486 Mio. t SKE (Steinkohleeinheiten) verbraucht, soviel wie 1995. Der Anteil der Kernenergie erhöhte sich leicht um 0,5 % auf 12,5 % (siehe Abbildung auf der nächsten Seite).[38]

---

37 Der Fischer Weltalmanach 1997, S. 1059-1062, mit Abbildung
38 Der Fischer Weltalmanach 2007, S. 675f, mit Abbildung

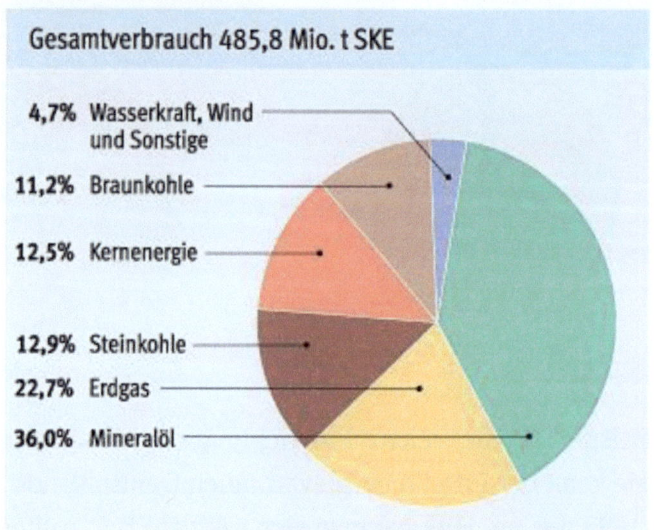

Quelle: Arbeitsgemeinschaft Energiebilanzen 2006

Eine Ursache für die stagnierende Entwicklung der Kernenergie in Deutschland war die Koalition aus SPD und der Partei „Bündnis 90 / Die Grünen", die von 1998 bis 2005 regierte und in dieser Zeit den Ausstieg aus der Kernenergie beschloss. Daran änderte die darauf folgende große Koalition aus CDU und SPD nichts. Als 2009 die Koalition aus CDU und FDP die Regierungsgeschäfte übernahm, beschloss sie die Rücknahme des Ausstiegs aus der Kernenergie. Allerdings war dieser Beschluss nicht von langer Dauer: Bis zum Jahr 2011.

„Am 11.3. erschüttert ein Erdbeben der Stärke 9,0 – das schwerste in der Geschichte Japans – den Nordosten des Landes. Auf das Beben folgt ein gewaltiger Tsunami, der weite Landesteile verwüstet...; nach Angaben der japanischen Behörden kommen

mindestens 15000 Menschen ums Leben, 500000 werden in Not-
unterkünften untergebracht. Infolge der Naturkatastrophe fällt im
etwa 270 km nördlich von Tokio gelegenen Kernkraftwerk Fuku-
shima-Daiichi das Kühlsystem aus; nach mehreren Explosionen
kommt es in drei Reaktorblöcken zur Kernschmelze. Am 12.4.
stuft die japanische Atomsicherheitsbehörde das Unglück von
Fukushima auf der höchsten Gefahrenstufe 7 der internationalen
Bewertungsskala für nukleare Ereignisse (INES) ein – genauso
hoch wie die Reaktorkatastrophe in Tschernobyl im Jahr 1986."[39]

„Die Nuklearkatastrophe von Fukushima ... ist das zweite Ereignis
in der Geschichte der Kernenergienutzung, das mit **Stufe 7** bewertet wurde."[40]

---

39 Der neue Fischer Weltalmanach 2012, S. 17, mit Abbildung
40 Ebenda, S. 26, mit Abbildung auf der nächsten Seite

Zerstörter Reaktor des KKW Fukushima Daiichi am 24.3.2011

„Die Katastrophe von Fukushima hat aber auch in vielen Staaten zu einem Umdenken bezüglich der Atomplanung geführt. So kündigten bis Mitte 2011 u.a. folgende Länder eine Überprüfung oder **Korrekturen der Atompolitik** an:

• Am 25.5.2011 beschloss die Regierung der Schweiz, die fünf Reaktoren des Landes – die heute zusammen knapp 40% des Strombedarfs abdecken – bis zum Jahr 2034 abzuschalten.

• In Deutschland wurde im Rahmen des von Bundestag (30.6.2011) und Bundesrat (8.7.2011) verabschiedeten **Gesetzespakets zur Energiewende** beschlossen, die sieben im Zuge des Atommoratoriums abgeschalteten Reaktoren sowie das bereits seit 2009 abgeschaltete KKW Krümmel nicht wieder in Betrieb zu nehmen und die übrigen neun Reaktoren bis spätestens zum 31.12.2022 abzuschalten.

• In Japan legte die Regierung am 10.5.2011 ihre Ausbaupläne für die Kernenergie – von aktuell rd. 30% der Stromversorgung bis auf 50% im Jahr 2030 – auf Eis und kündigte einen forcierten Ausbau der erneuerbaren Energien an.

• In Italien wurden die Pläne der Berlusconi-Regierung für einen Wiedereinstieg in die Kernenergie durch eine Volksabstimmung am 13.6.2011 gestoppt. Darin sprachen sich 94,1% gegen die Kernenergie aus und bestätigten damit das Ergebnis eines 1987 nach der Tschernobyl-Katastrophe durchgeführten Referendums."[41]

Weltweit wirkte sich der Super-GAU in Fukushima aus:

„Die **Stromerzeugung durch Kernkraftwerke** sank von 2,630 Mrd. GWh (2010) auf 2,518 Mrd. GWh (2011), dies entspricht einem Rückgang um 4,3%, dem höchsten seit 1965. Hauptursache war die Abnahme der Stromerzeugung aus Kernenergie in Japan (–44,3%) und Deutschland (–23,2%)."[42]

Im Jahr darauf sank die Stromerzeugung durch Kernkraft weltweit gar um 7 %.[43]

„2013 ging die **Stromerzeugung aus Kernkraft in Deutschland** nach Angaben der AG Energiebilanzen um –2,2% gegenüber dem Vorjahr zurück. Die neun am Netz verbliebenen Kernkraftwerke erzeugten 97,3 Mrd. kWh (2012: 99,5 Mrd. kWh) Energie, das entsprach einem Anteil von 15,4% an der Bruttostromerzeugung in Deutschland (2012: 15,8%). Damit war die Kernenergie hinter

---

41 Ebenda, S. 25
42 Der neue Fischer Weltalmanach 2013, S. 666
43 Der neue Fischer Weltalmanach 2014, S. 666

Braunkohle, den erneuerbaren Energieträgern und Steinkohle der viertwichtigste Energieträger für die Produktion von elektrischem Strom. Der Anteil der Kernenergie am Primärenergieverbrauch betrug 2013 7,6% (2012: 8,0%). Die neun verbliebenen Kernkraftwerke sollen in folgender Reihenfolge abgeschaltet werden: Grafenrheinfeld (2015), Gundremmingen B (2017), Philippsburg 2 (2019), Grohnde, Gundremmingen C und Brokdorf (2021). Die drei jüngsten Anlagen Isar 2, Emsland und Neckarwestheim 2 werden spätestens mit Ablauf des Jahres 2022 vom Netz genommen.

Während in Deutschland, der Schweiz und Belgien nach der Reaktorkatastrophe von Fukushima der Ausstieg aus der Kernenergie beschlossen wurde und die Kernkraft in Japan zunehmend kritisch diskutiert wird, forcieren insbesondere die aufstrebenden Schwellenländer wie die VR China, Russland, Indien und Brasilien den Ausbau der Kernenergie. Etablierte Atomnationen wie die USA, Kanada, Großbritannien, Finnland, Ungarn, Slowenien, die Slowakei und Schweden halten an der Kernenergie als Teil ihres nationalen Energiemixes fest und investieren z.T. auch in Neubauprojekte."[44]

Am 23.07.2015 wurde über den Deutschlandfunk, das ZDF und das ARD die Nachricht verbreitet, dass Frankreich seine Stromversorgung nicht zu 80 % aus Kernenergie zu erzeugen plane, sondern nur zu 50 %. Der Rest solle durch erneuerbare Energieträger erzeugt werden.

---

44 Der neue Fischer Weltalmanach 2015, S. 667

3. Entwicklung der erneuerbaren Energieträger

Im Zeitraum vom Ende des zweiten Weltkrieges bis zum Jahr 1985 spielen erneuerbare Energieträger außer Wasserkraft noch keine Rolle bei der weltweiten Stromerzeugung. Wasserkraftwerke wurden allerdings in allen Erdteilen gebaut und weiterentwickelt:

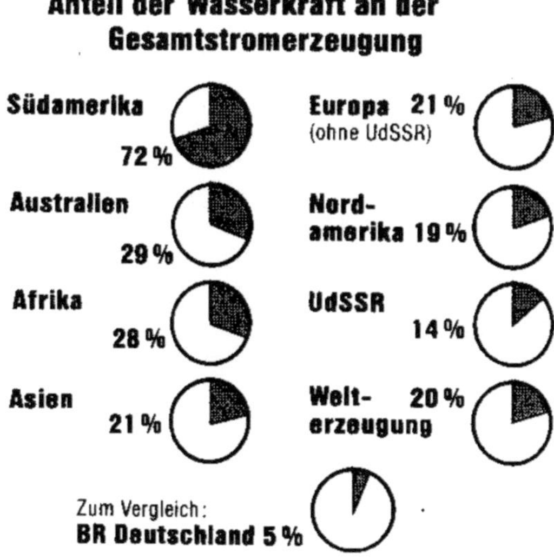

In den Erdteilen mit vorwiegend sich entwickelnden Ländern ist die Stromerzeugung durch Wasserkraft deutlich höher als in den Industrieländern.[45]

---

45 Der Fischer Weltalmanach 1987, S. 889, mit Abbildung

Die Entwicklung des Anteils der Wasserkraft in Steinkohleeinheiten (SKE) und in % am Weltenergieverbrauch zwischen 1970
und 1983 verdeutlicht folgende Tabelle:

Einsatz von Energieträgern für den Welt-Energieverbrauch 1970–1983
(nach »ESSO« und »Yearbook of World Energy Statistics«, UNO)

	1970 Mill. t SKE	%	1980 Mill. t SKE	%	1983 Mill. t SKE	%
Erdöl	3009	45,3	3990	45,6	3701	42,9
Kohle	2184	32,9	2625	30,0	2733	31,7
Erdgas	1293	19,5	1831	20,9	1855	21,5
Kernenergie	10	0,1	84	1,0	114	1,3
Wasserkraft	145	2,2	218	2,5	233	2,7
insgesamt	6641	100,0	8755	100,0	8635	100,0

Der Anteil steigt von 2,2 % in 1970 auf 2,7 % in 1983.[46]

Auch zwölf Jahre später, 1995, spielt Wasserkraft bei den erneuerbaren Energieträgern noch die Hauptrolle. Windkraft und Photovoltaik fallen unter „sonstige" Energieträger.[47]

„Der Anteil der **Wasserkraft** und anderer **regenerierbarer Energiequellen** (z.B. Wind- und Sonnenenergie, Geothermie) nahm
von 1970 (2,2%) bis 1980 (2,3%) relativ langsam, dann durch verstärkten Ausbau und gezielte staatliche Förderung in vielen Ländern etwas schneller zu (1985: 2,6% – 1990: 2,9% – 1995: 3,0% –
2002: 3,3%). Die Wasserkraft hat vor allem in vielen Entwicklungsländern eine große Bedeutung. In den Industriestaaten ist ihr
Anteil, abgesehen von den Gebirgsländern Österreich, Schweiz
und Norwegen, relativ unbedeutend und nur schwer steigerungs-
fähig. Die Nutzung sonstiger regenerativer Energien, wie Sonnen-
und Windenergie, führte bisher weltweit zu kaum nennenswerten

---

46 Ebenda, S. 891f, mit Tabelle
47 Der Fischer Weltalmanach 1997, S. 1053f

Anteilen, auch wenn sie in einigen Ländern größere regionale
Bedeutung haben (z.B. Geothermie in Island, Windkraft in Nord-
deutschland und Dänemark).“[48]

In Deutschland erreichten erneuerbare Energieträger im Jahre
2005 rund 4,7 % Anteil am Primärenergieverbrauch (siehe Abbildung „Energieträger in Deutschland 2005“ im Kapitel 2).

Drei Jahre später ergab sich für die Stromerzeugung nach Energieträgern in Deutschland ein erheblich differenzierteres Bild:

Quelle: Arbeitsgemeinschaft Energiebilanzen 2009

Wasserkraft und Windenergie erreichten zusammen rund 10,5 %
Anteil an der Stromerzeugung. Hinzu kommen 8 % Sonstige,

---

48 Der Fischer Weltalmanach 2007, S. 673

wie Photovoltaik, Biogas etc.[49] Weitere zwei Jahre später, 2010, hat sich der Anteil der erneuerbaren Energieträger weltweit erneut erhöht. „Erneuerbare (bzw. regenerative) Energieträger – Wasserkraft, Windenergie, Biomasse, Fotovoltaik, Solarthermie und Geothermie – gewinnen als Ergänzung und Substitution für fossile Energieträger – Erdöl, Erdgas, Kohle – und Kernenergie weltweit an Bedeutung. Eine intensivere Nutzung erneuerbarer Energieträger erlaubt – mit Ausnahme der Biomasse – die Reduktion des Ausstoßes klimaschädlicher Gase und leistet damit einen Beitrag zum Klimaschutz. Zudem begünstigen erneuerbare Energieträger die Diversifizierung der Rohstoffbasis, senken die Abhängigkeit von fossilen Rohstoffen und garantieren somit die Versorgungssicherheit. Erneuerbare Energien sind hauptsächlich heimische Energieträger, die zur regionalen Wertschöpfung beitragen. In vielen Entwicklungsländern können sie zudem den Zugang großer Bevölkerungsteile zu Energie erleichtern. Bislang erschweren jedoch zahlreiche technologische, infrastrukturelle, wirtschaftliche und politische Probleme eine flächendeckende Anwendung.

Der weltweite **Anteil der erneuerbaren Energien am Primärenergieverbrauch** lag nach Angaben von BP 2010 bei 7,8%. Davon entfallen 6,5% auf Wasserkraft und 1,3% auf die übrigen erneuerbaren Energieträger."[50]

Am Beispiel der Stromerzeugung in Deutschland wird die Entwicklung des Anteils der erneuerbaren Energien um einiges deutlicher:

---

49 Der Fischer Weltalmanach 2010, S. 703, mit Abbildung
50 Der neue Fischer Weltalmanach 2012, S. 682f

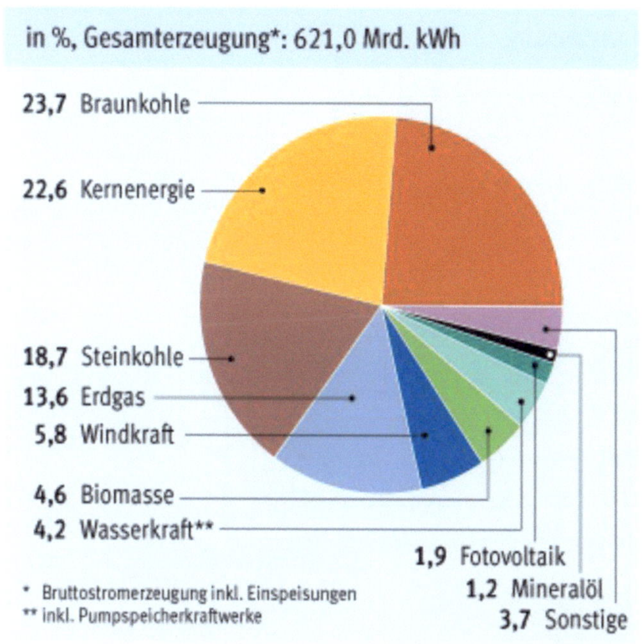

Hier summieren sich Windkraft, Biomasse, Wasserkraft und Fotovoltaik zu einem Anteil von 16,5 %.[51]

Lassen wir weitere drei Jahre vergehen, entdecken wir erneut einen rasanten Anstieg des Anteils erneuerbarer Energien an der Stromversorgung in Deutschland. Fotovoltaik liefert mit 4,7 % nun mehr Strom als Wasserkraft (3,2 %).

---

51 Ebenda, S. 685, mit Abbildung

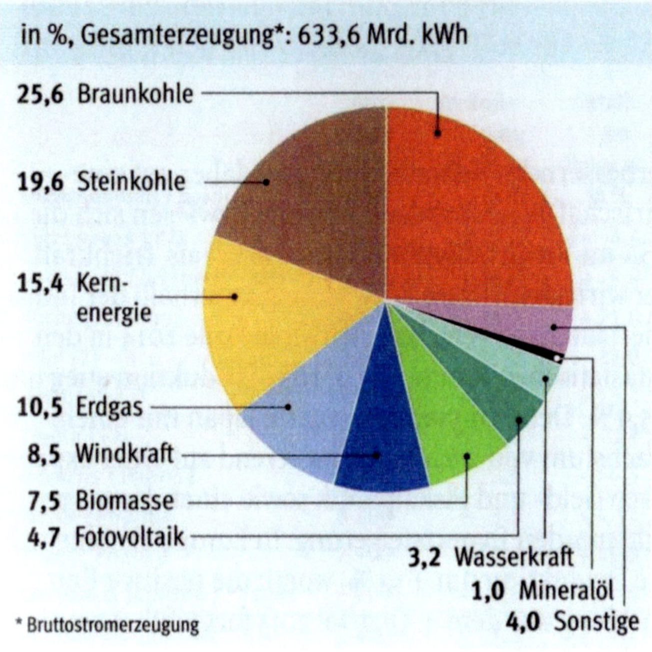

Windkraft, Biomasse, Fotovoltaik und Wasserkraft liefern insgesamt einen Anteil von 23,9 % der Stromerzeugung.[52]

„Damit waren die erneuerbaren Energien nach Braunkohle der zweitwichtigste Energieträger für die Stromerzeugung."[53]

---

52 Der neue Fischer Weltalmanach 2015, S. 669, mit Abbildung
53 Ebenda, S. 668

„Den weltweit höchsten Anteil an regenerativ erzeugtem Strom erreichte 2013 Dänemark mit 47%, gefolgt von Portugal (30%) und Spanien (26%). Bezieht man die Wasserkraft in die Berechnungen mit ein, so belief sich der Beitrag der erneuerbaren Energieträger zur weltweiten Stromerzeugung 2013 auf 21,7%. In Europa lag er bei 26,3%, in Mittel- und Südamerika aufgrund der hohen Anteile von Wasserkraft bei 63,0%, im Nahen Osten dagegen bei lediglich 2,6%."[54]

Der Anteil erneuerbarer Energieträger hat weltweit deutlich zugenommen. In den fünf Jahren zwischen 2009 und 2014 fand weltweit eine Verdopplung auf sechs Prozent statt. In Europa einschließlich Russlands und der GUS-Länder lag der Anteil im Jahr 2014 sogar bei 10,5 % und ist weiter im Steigen begriffen.[55]

Auch in Deutschland hat sich diese Entwicklung niedergeschlagen. „Die **Bruttostromerzeugung** aus Fotovoltaik, Wind- und Wasserkraft, Biomasse und Hausmüll lag 2014 in Deutschland mit 160,6 Mrd. kWh um +5,4% über dem Wert von 2013. Der Beitrag der erneuerbaren Energien an der Bruttostromerzeugung erhöhte sich damit auf 26,2% (2013: 24,1%), wodurch die erneuerbaren Energien die Braunkohle (25,4%) als wichtigsten Energieträger für die Stromerzeugung ablösten."[56]

---

54 Ebenda, S. 667
55 Der neue Fischer Weltalmanach 2016, S. 667, mit Abbildung
56 Ebenda, S. 669, mit Abbildung auf der übetnächsten Seite

Anteil erneuerbarer Energieträger* an Stromerzeugung nach Regionen

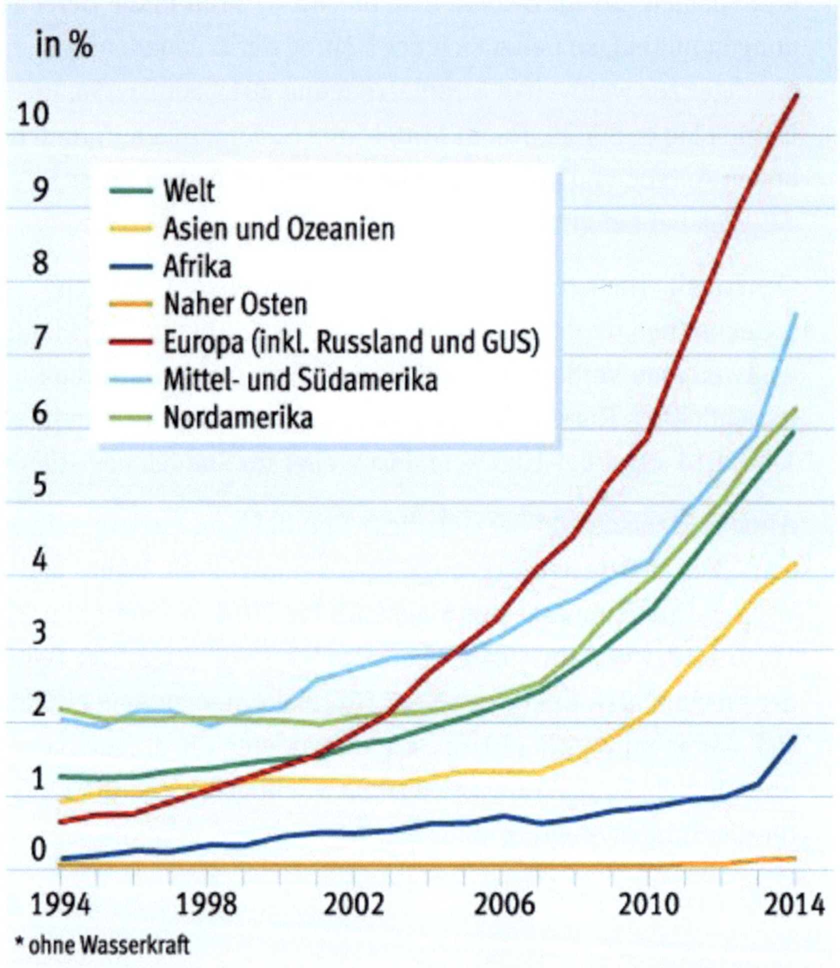

Seite 50

Deutschland: Stromerzeugung nach Energieträgern 2014

in %, Gesamterzeugung*: 614,0 Mrd. kWh

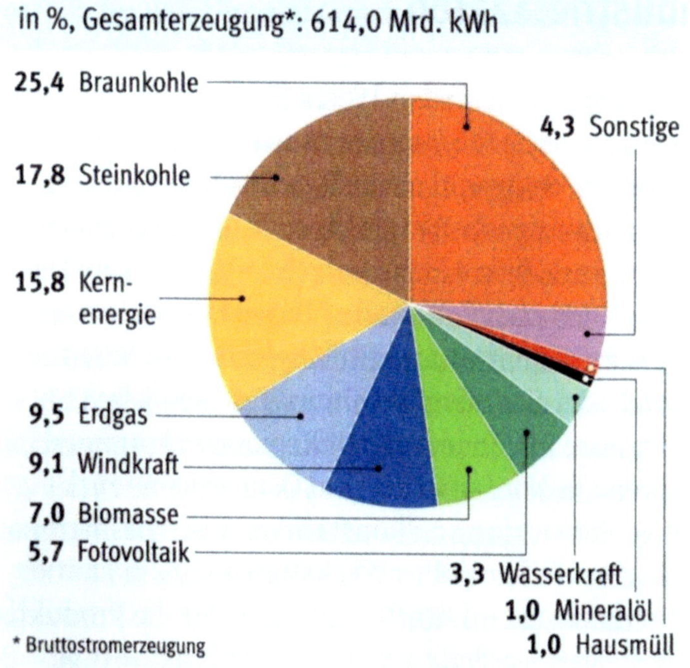

* Bruttostromerzeugung

Quelle: AG Energiebilanzen 2015

4. Klimaentwicklung im vergangenen Jahrhundert

Von Klimaänderungen werden hauptsächlich die allgemeine Zirkulation der Atmosphäre, Luftdruck, Temperatur und Niederschlag betroffen. Vielfältige Rückkopplungseffekte sind in den vergangenen Jahrzehnten entdeckt worden. Neben den natürlichen Klimaänderungen, beispielsweise durch Variabilität der Sonneneinflüsse und durch Vulkaneruptionen gibt es von Menschen verursachte Klimaänderungen, vor allem „durch Energiezufuhr, Abgase, Zunahme von Kohlendioxid, Spurengase sowie Veränderungen durch Zerstörung der Vegetation."[57]

Räumlich begrenzte Beeinträchtigungen der Atmosphäre verursachen vielfach schwere Schäden wie Abwärme, sauren Regen, Smog, Photooxidantien und Luftverschmutzung. Durch Vervielfachung dieser Effekte im globalen Maßstab ergeben sich weitaus größere Probleme, deren anthropogene Ursachen sich nur mühsam nachweisen lassen, „so die Tatsache, dass seit rd. 100 Jahren mit der Industrialisierung die globale Temperatur der Atmosphäre in Erdbodennähe um 0,7°C zugenommen hat, am stärksten in den letzten 10 Jahren."[58]

Menschliche Aktivitäten im Zuge der Industrialisierung haben die Zusammensetzung der Atmosphäre soweit verändert, dass eine Gefährdung des Überlebens auf der Erde sich schleichend ent-

---

57 DIE ZEIT: Das Lexikon in 20 Bänden, Band 08, S. 55
58 Ebenda

wickelt und weiter zunimmt. Die atmosphärische Konzentration der Treibhausgase und die globale Mitteltemperatur „sind natürlichen Schwankungen unterworfen, die jedoch zunehmend durch den Einfluß menschlicher Aktivitäten überlagert werden. Diese führen seit Beginn der Industrialisierung zur Anreicherung der Treibhausgase und zu einer globalen Erwärmung...“[59]

Entwicklung der globalen Mitteltemperatur

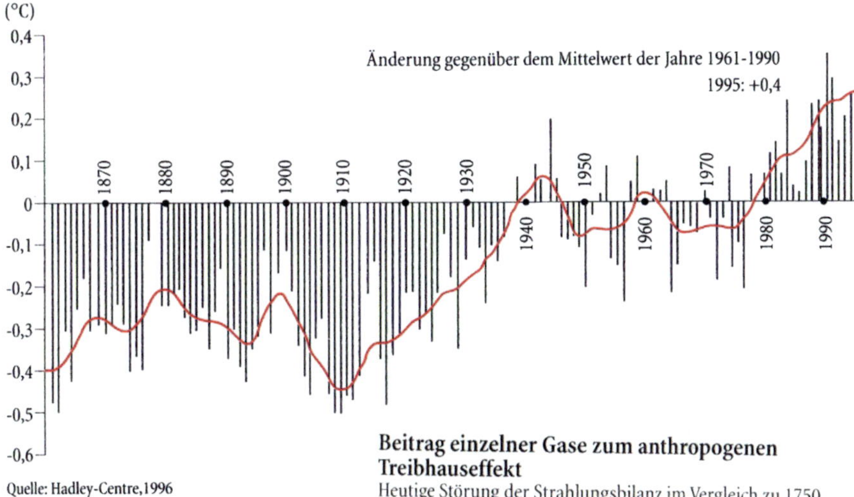

Quelle: Hadley-Centre, 1996

Beitrag einzelner Gase zum anthropogenen Treibhauseffekt
Heutige Störung der Strahlungsbilanz im Vergleich zu 1750

„Der Beitrag einzelner Treibhausgase zur globalen Erwärmung ergibt sich aus der jeweiligen Stärke ihrer Konzentrationszunahme und dem Vermögen, von der Erde ausgehende Wärme-

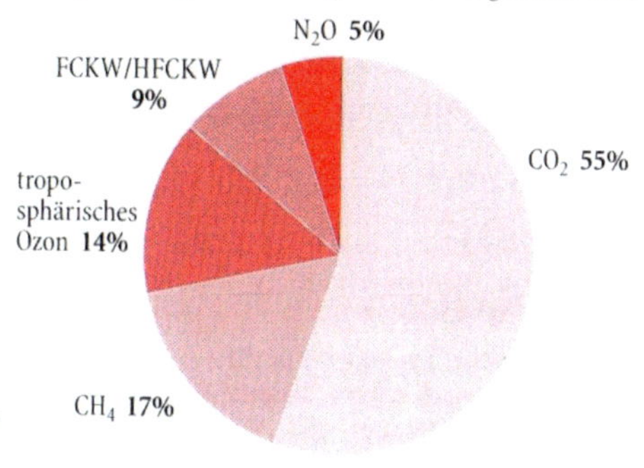

Quelle: Intergovernmental Panel on Climate Change (IPCC), 1995

---

59 Der Fischer Weltalmanach 1997, S. 1120f, mit Abbildung

strahlung zu absorbieren... Seit kurzem weiß man, daß Aerosole, die bei der Verbrennung von fossilen Energieträgern (Kohle, Öl und Erdgas) und Biomasse entstehen, durch verstärkte Reflexion der Solarstrahlung potentiell abkühlend auf das Erdklima wirken. Die Klimafolgen ansteigender Treibhausgaskonzentrationen werden dadurch zu etwa 20 %"[60] wieder aufgehoben.

Aus dieser Entwicklung ergaben sich 1992 politische Maßnahmen: Von 159 Staaten wurde eine Klimarahmenkonvention (KRK) unterzeichnet, die am 21.3.1994 in Kraft trat und bis Juli 1996 von eben diesen Staaten ratifiziert wurde. Die erste Vertragsstaatenkonferenz der KRK fand vom 28.3. bis 7.4.1995 in Berlin statt und legte fest, dass bis zur dritten Vertragsstaatenkonferenz 1997 in Japan Begrenzungs- und Reduktionsziele für definierte Zeitrahmen beschlossen werden sollten.[61]

Gegen Ende 1997 wurden die weiterentwickelten und konkretisierten Verpflichtungen zum Klimaschutz in **Kyoto** (Japan) durch die Annahme des „**Kyoto-Protokolls**" anlässlich der dritten Vertragsstaatenkonferenz der KRK veröffentlicht.[62]

Etliche Jahre später stellte sich heraus, dass die zehn Jahre 1995 bis 2005 mit Ausnahme von 1996 und 2000 die wärmsten seit Beginn der Beobachtungen waren. „Regional waren die **Klimaextreme** wie schon in den Vorjahren sehr unterschiedlich verteilt: **Hitzewellen** gab es in Australien (wärmstes Jahr seit Beginn der Aufzeichnungen 1910), Indien, Pakistan und Bangladesch (Mai/ Juni, Rekordtemperaturen 45–50 °C, verspäteter Südwestmonsun,

---

60 Ebenda, S. 1123, mit Abbildung
61 Ebenda, S. 1125
62 Der Fischer Weltalmanach 2004, S. 1318

mindestens 400 Todesopfer in Indien), im Südwesten der USA (Anfang Juli), in Zentralkanada (bisher wärmster und feuchtester Sommer), in der VR China (einer der wärmsten Sommer seit 1951), Südeuropa und Nordafrika (Juli, Temperaturen in Algerien bis zu 50 °C, mehrere Todesopfer). **Kältewellen** wurden auf dem Balkan (Anfang Februar), in Marokko (Januar, Temperaturen bis −14 °C) und im ostasiatischen Raum (Dezember, Japan und Korea) beobachtet. Die langjährige **Dürreperiode** am Horn von Afrika (Südsomalia, Ostkenia, Südostäthiopien und Nordosttansania) setzte sich fort – 11 Mio. Menschen in dieser Region sind vom Hungertod bedroht. Ebenfalls von Dürre betroffen waren u.a. das südliche Afrika (5 Mio. hungernde Menschen in Malawi), Westeuropa (schlimmste Dürren in Spanien und Portugal seit den 1940er Jahren), Südbrasilien (Dezember, Mais- und Sojaernte stark beeinträchtigt) und das Amazonasbecken (niedrigste Wasserstände seit 60 Jahren). Von sintflutartigen Regenfällen und **Überschwemmungen** während der Monsunzeit (Juni–September) waren in West- und Südindien 20 Mio. Menschen betroffen, es kam zu 800 Todesfällen. Am 27.7.2005 fielen in Mumbai 944 mm Regen – mehr als jemals zuvor an einem Tag. Den Wasserfluten fielen ca. 450 Menschen zum Opfer. Weitere Überschwemmungen gab es u.a. zwischen Oktober und Dezember in Südostindien (300 Tote), Thailand (52 Tote) und Vietnam (69 Tote), in der dritten Juni-Woche im Süden der VR China (170 Tote), zwischen Mai und August in Osteuropa (66 Tote allein in Rumänien), im Januar in Costa Rica und Panama (35000 Flüchtlinge) sowie im Februar in Kolumbien und Venezuela (80 Tote).“[63]

---

63 Der Fischer Weltalmanach 2007, S. 710f, mit Abbildung

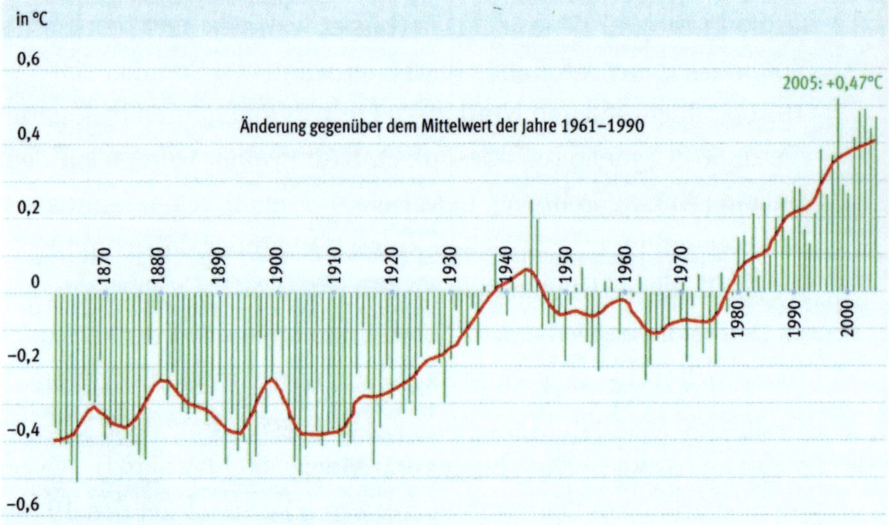

Quelle: WMO

„Der in den letzten hundert Jahren beobachtete **Anstieg des Meeresspiegels** um 10–20 cm ist wahrscheinlich größtenteils auf die globale Erwärmung zurückzuführen. Dieser Vorgang könnte durch das Abschmelzen der polaren Eiskappen beschleunigt werden. Das Meereis in der Arktis ist heute nur noch halb so dick wie vor 50 Jahren, seine Ausdehnung lag 2005 das vierte Jahr in Folge deutlich unter dem langjährigen Durchschnitt (–20% gegenüber der Periode 1974–2004). Bis zum Jahr 2100 rechnet der auf UN-Ebene eingerichtete »Zwischenstaatliche Ausschuss für den Klimawandel« (Intergovernmental Panel on Climate Change, IPCC) mit einem weiteren Anstieg der globalen Mitteltemperatur um 1,4 bis 5,8 °C und des Meeresspiegels um 9 bis 88 cm, falls keine geeigneten Gegenmaßnahmen ergriffen werden. Neue, Ende September 2005 veröffentlichte Modellrechnungen, an denen weltweit 15 Forschungsgruppen beteiligt waren, ergaben eine Erwärmung um 4 °C im Falle weiter wie bisher ansteigender Treibhausgasemissionen, und um 2,5 °C, falls zumindest die Vorgaben des Kyoto-Protokolls eingehalten werden.

Nach neuen, von US-Forschern Ende März 2006 im Wissenschaftsmagazin Science veröffentlichten Studien könnten die Eisdecken in Grönland und der Antarktis wesentlich schneller abschmelzen als bisher geschätzt: Die arktischen Sommer im Jahr 2100 werden demnach möglicherweise so warm sein wie vor fast 130000 Jahren. Damals war der Meeresspiegel sechs Meter höher als heute. Da die Zerstörung der Eisschichten und der folgende Anstieg des Meeresspiegels mit zeitlicher Verzögerung erfolgen, würde dieser Prozess irgendwann in der zweiten Hälfte des 21. Jahrhunderts unumkehrbar werden. Die Forscher gehen davon aus, dass der Meeresspiegel bis zum Jahr 2100 um vier bis sechs Meter ansteigen wird, wenn die Treibhausgasemissionen nicht rasch und dauerhaft reduziert werden.

Eine weithin sichtbare Folge der globalen Erwärmung ist der beschleunigte Rückgang alpiner Gletscher ... Das Abschmelzen begann Mitte des 19. Jahrhunderts, als die Alpengletscher noch ein Volumen von 200 km³ hatten. Im Jahr 2000 waren es noch 75 und in 2005 nur noch 68 km³. Allein zwischen 1985 und 2000 haben die Alpengletscher 20% ihrer Fläche und ein Viertel ihres Volumens verloren. Ein Abschmelzen in dieser Größenordnung war eigentlich erst bis 2025 erwartet worden. Die Geschwindigkeit des Flächenverlusts hat sich von jährlich 1% zwischen 1973 und 1985 auf heute 2% p.a. verdoppelt."[64]

---

64 Ebenda, S. 711f

Der Klimawandel entwickelt sich also in nicht vorhergesehenem Tempo und lässt sich auch unter Einbeziehung der Wetterphänomene La Niña (kühlendes Wetterphänomen) und El Niño (wärmendes Wetterphänomen) nicht mehr leugnen.[65]

Klimawandel: Globale Durchschnittstemperatur

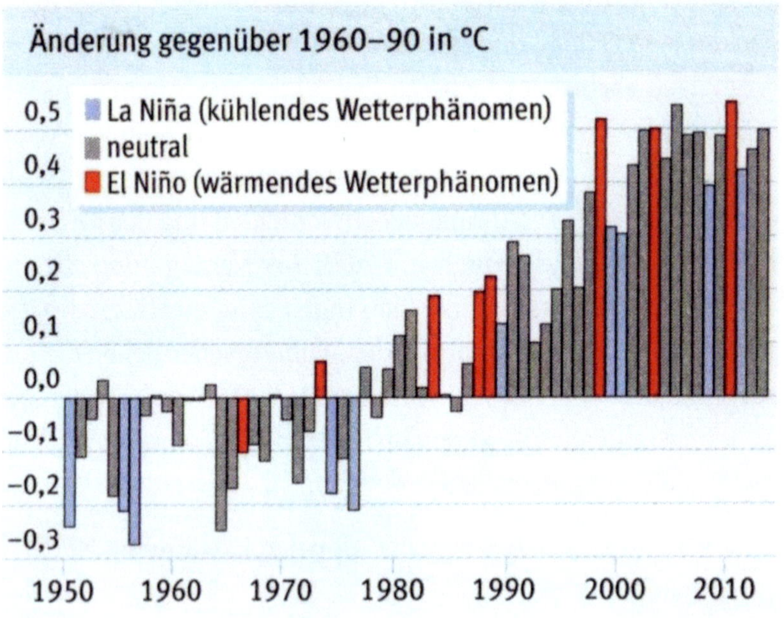

Quelle: WMO 2014

„Nach Angaben der Weltmeteorologie-Organisation (WMO) war 2013 (zusammen mit 2007) das sechstwärmste Jahr seit Beginn der Aufzeichnungen 1850. Die Temperatur an der Erdoberfläche lag durchschnittlich um 0,5°C über dem Durchschnitt des Referenzzeitraums 1961–90 von 14,0°C. Besonders heiß war es auf der Südhalbkugel: Für Australien wurde 2013 das wärmste Jahr

---

65 Der neue Fischer Weltalmanach 2015, S. 693, mit Abbildung

seit Beginn der Aufzeichnungen, für Argentinien das zweit-
wärmste verzeichnet.

Seit Beginn des 20. Jahrhunderts hat sich das Weltklima um ca.
0,75°C erwärmt, wobei 13 der 14 wärmsten Jahre im 21. Jh. liegen. Jedes der letzten drei Jahrzehnte war wärmer als das voran-
gegangene. Die Dekade 2001–10 war auf allen Kontinenten die
bisher wärmste, die Temperatur lag um 0,46°C höher als im Refe-
renzzeitraum 1960–90. Aus der Rekonstruktion des Klimas ver-
gangener Zeiten aus Baumringen, Korallen, Eisbohrkernen und
Sedimenten geht hervor, dass die Durchschnittstemperatur auf der
Nordhalbkugel mindestens in den letzten 1400 Jahren niemals so
hoch war wie heute.“[66]

Die Ursachen des Klimawandels können inzwischen sehr genau
quantifiziert werden. „Der 5. Sachstandsbericht des IPCC
(Climate Change 2014) bilanzierte die Erkenntnisse der weltweiten Klimaforschung mit den Worten: »Die Erwärmung des
Klimasystems ist eindeutig, und die Veränderungen seit den 1950-
er Jahren haben über Jahrzehnte bis Jahrtausende nicht ihresgleichen. Die Atmosphäre und die Ozeane haben sich erwärmt, die
Schnee- und Eisbedeckung sind zurückgegangen, der Meeresspiegel ist gestiegen und die Konzentration der Treibhausgase ist
gestiegen.« Hauptverantwortlich für die globale Erwärmung ist
der in den letzten Jahrzehnten beschleunigte **Ausstoß von Treibhausgasen** durch den Menschen. Mit einem Anteil von rd. drei
Vierteln an den gesamten Emissionen ist **Kohlendioxid** (CO_2) das
wichtigste Treibhausgas. Es stammt überwiegend aus der Verbren-

---

66 Ebenda, S. 693f

nung fossiler Energieträger und zu geringeren Teilen aus der Abholzung von Wäldern, die bei ihrem Wachstum CO_2 aus der Luft einbinden und deshalb als »CO_2-Senke« fungieren. Neben den Wäldern sind die Ozeane im CO_2-Kreislauf die wichtigsten »Senken«. Ihre Effektivität hat mit steigenden Emissionen zunächst zugenommen. Nach Berechnungen des Global Carbon Projects konnten auf diese Weise zwischen 1958 und 2010 56% der vom Menschen verursachten CO_2-Emissionen »abgepuffert« werden. Die Pufferkapazität der Ozeane und Wälder nimmt jedoch in jüngster Zeit ab.

Die restlichen 50% führen zu einem beschleunigten Anstieg der CO_2-Konzentration in der Atmosphäre.

Weitere Treibhausgase sind Methan (CH_4, v.a. aus Viehhaltung, Erdöl- und Erdgasförderung sowie Reisanbau), Distickstoffoxid (Lachgas, N_2O, v.a. aus überdüngten Böden) und fluorierte Gase. Zu diesen zählen u.a. perfluorierte Kohlenwasserstoffe (PFC) und Schwefelhexafluorid (SF_6), die überwiegend aus Industrieprozessen stammen, sowie Fluorchlorkohlenwasserstoffe (FCKW) und teilhalogenierte Kohlenwasserstoffe (H-FCKW), die als Kälte- und Lösungsmittel verwendet werden. Die Summe aller Treibhausgasemissionen wird in CO_2-Äquivalenten (CO_2e) ausgedrückt.

N_2O, FCKW und – in geringerem Ausmaß – H-FCKW verursachen außerdem den Abbau der Ozonschicht (»Ozonloch«) in der Stratosphäre. Diese liegt oberhalb der Troposphäre, der untersten Atmosphärenschicht, in der das Klima- und Wettergeschehen stattfindet. Aufgrund des UN-Abkommens zum Schutz der Ozonschicht von 1987 (Montreal-Protokoll) gehen Produktion und Anwendung von FCKW und H-FCKW weltweit zurück, in der Folge zeigt sich eine langsame Erholung der Ozonschicht.

Laut dem jüngsten IPCC-Bericht übersteigen die Konzentrationen von CO_2, Methan und Lachgas in der Atmosphäre inzwischen bei weitem die höchsten Konzentrationen der letzten 800000 Jahre, die man aus Eisbohrkernen kennt. Der Anstieg während des letzten Jahrhunderts ist stärker als jemals zuvor in den letzten 22000 Jahren. Und sie steigen weiter: 1970–2000 um jährlich 1,3%, 2000–10 um 2,2%. Die Summe aller anthropogenen Treibhausgasemissionen war 2000–10 so hoch wie nie zuvor; 2010 lagen sie bei 49 Mrd. t CO_2e.

Rd. die Hälfte der kumulierten weltweiten CO_2-Emissionen 1750–2010 sind in den letzten 40 Jahren entstanden. 1970 betrugen die kumulierten CO_2-Emissionen aus der Verbrennung fossiler Energieträger, der Zementproduktion und dem Abfackeln von Gasen laut IPCC rd. 420 Gt; 2010 lagen sie bei rund 1300 Gt. Die kumulierten CO_2-Emissionen aus Forstwirtschaft und anderer Landnutzung ohne Landwirtschaft seit 1750 stiegen von rd. 490 Gt im Jahr 1970 auf rd. 680 Gt im Jahr 2010. Auch die wirtschaftlichen Auswirkungen der globalen Wirtschafts- und Finanzkrise 2007/08 senkten die Emissionen nur für kurze Zeit. Die Volksrepublik China ist seit Jahren das Land mit den höchsten – und weiter steigenden – CO_2-Emissionen."[67]

---

67 Ebenda, S. 694f, mit Abbildung

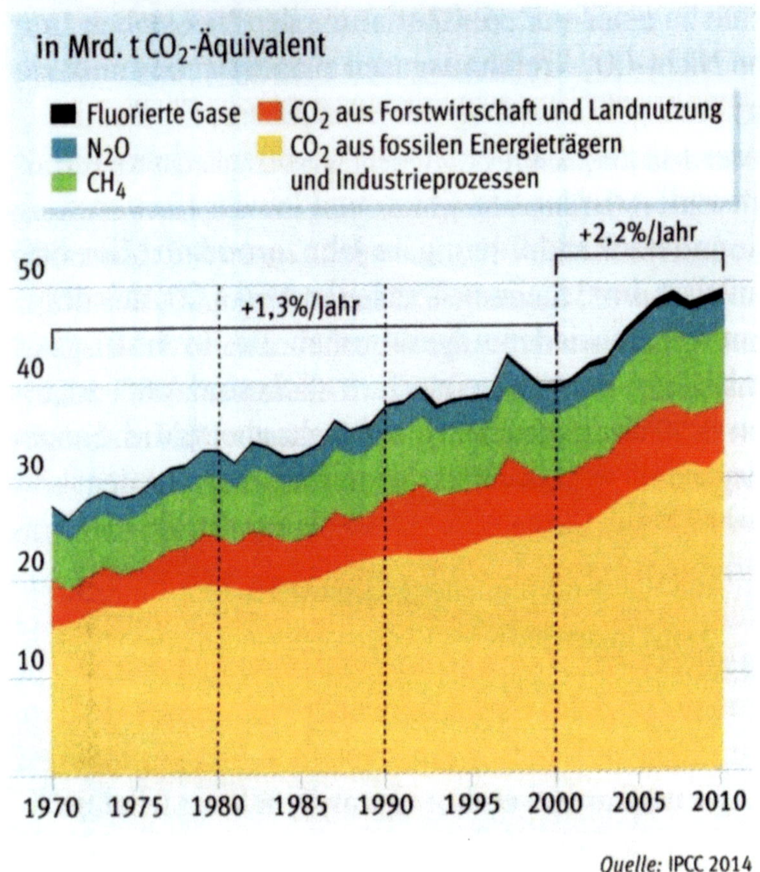

Angesichts dieser Entwicklung und als Reaktion auf die
Katastrophe von Fukushima wurde vom deutschen Bundestag im
Jahr 2011 ein umfangreiches Gesetzespaket zur Energiewende
beschlossen. „Das Paket umfasst den Komplettausstieg aus der

Kernenergie bis 2022, den beschleunigten Ausbau der erneuerbaren Energien, den Ausbau von Stromnetzen und Speicherkapazitäten, stärkere Einsparung von Heizenergie im Gebäudebereich und den Einstieg in die Elektromobilität."[68]

Deutschland: Klimaschutzziele

		Ziel (Bezugsjahr 1990)			
Gruppe	2020	2030	2040		2050
Treibhausgasemissionen	−40%	−55%	−70%	−80 bis	−95%
Erneuerbare Energien: Anteil am Bruttoendenergieverbrauch	18%	30%	45%		60%
Erneuerbare Energien: Anteil an der Stromerzeugung	35%	50%	65%		80%
Primärenergieverbrauch (gegenüber 2008)	−20%				−50%
Stromverbrauch (gegenüber 2008)	−10%				−25%
Endenergieverbrauch im Verkehr (gegenüber 2005)	−10%				−40%

Quelle: BMWi/BMU 2011

Am 3. August 2015 brachte der Deutschlandfunk folgende Schlagzeile heraus: „**US-Präsident Obama will mit verbindlichen Zielen den CO$_2$-Ausstoß der Kraftwerke in den Vereinigten Staaten mindern.**" Darauf folgten die Details:

---

68 Ebenda, S. 700, mit Abbildung

„Er präsentierte im Weißen Haus in Washington einen Klima-
schutzplan, um die Emissionen bis zum Jahr 2030 um ein Drittel
im Vergleich zu 2005 zu senken. Obama betonte, der Klimawandel sei die größte Bedrohung für die Zukunft der Menschheit - und
die habe nur ein Zuhause und nur einen Planeten.
Die Umweltschutzbehörde EPA hatte vor einem Jahr Grundzüge
der Verordnung vorgelegt. EPA-Chefin McCarthy nannte das an-
gestrebte Ziel heute "vernünftig" und "erreichbar". Betroffen sind
nach Angaben des Weißen Hauses rund 1.000 Kraftwerke in den
USA, darunter 600 Kohlekraftwerke.
Bundesumweltministerin Hendricks erklärte, sie begrüße es, dass
die USA sich der Herausforderung des Klimawandels stellten. Der
neue Plan sei ein wichtiges Signal für die Klimakonferenz Ende
des Jahres in Paris."[69]

Am darauf folgenden Tag warb Obama laut Deutschlandfunk bei
der UNO für verstärkte Anstrengungen.

Schlagzeile: „**US-Präsident Obama hat bei UNO-General-
sekretär Ban Ki Moon für verstärkte Anstrengungen zum
Klimaschutz geworben.**"

---

69 http://www.deutschlandfunk.de/programmvorschau.281.de.html?
    drbm:date=03.08.2015

US-Präsident Obama mit Ban Ki Moon im Oval Office des Weißen Hauses
(picture alliance / dpa / EPA/Dennis Brack / POOL)

Details: „Die Vereinten Nationen könnten zum Kampf gegen den Klimawandel beitragen, sagte Obama nach dem Gespräch im Weißen Haus. Die UNO müsse den Druck auf andere Staaten erhöhen, ebenfalls Anstrengungen zur Reduktion schädlicher Emissionen zu unternehmen. Tags zuvor hatte der US-Präsident einen Plan vorgelegt, nach dem amerikanische Kraftwerke ihren Ausstoß an Treibhausgasen bis 2030 um knapp ein Drittel senken sollen. Ban begrüßte Obamas Vorstoß. Die heutige sei die letzte Generation, die das Phänomen des Klimawandels angehen könne.

Mehrere Bewerber für die Präsidentschaftskandidatur bei den Republikanern kritisierten die Pläne und warnten vor dem Verlust von Arbeitsplätzen sowie steigenden Stromkosten.“[70]

---

70 http://www.deutschlandfunk.de/programmvorschau.281.de.html?
    drbm:date=04.08.2015, mit Abbildung

Die Wochenzeitung „DIE ZEIT" nimmt in ihrer Ausgabe Nr. 32 vom 6. August 2015 auf Seite 23 Bezug zum selben Thema: **„Gemeinsam schnell die Welt retten"**.

Untertitel: „Die Präsidenten Barack Obama und Xi Jinping setzen ihren Ländern echte Klimaziele. Eine einmalige Chance" von Claus Hecking. Hier wird dargestellt, dass die Klimaziele der USA und Chinas garnicht so ambitioniert sind, wie sie scheinen. Die USA verfeuerten zur Stromerzeugung dank ihrer Schiefergasvorkommen „billiges Erdgas anstelle von Kohle... Der CO_2-Ausstoß pro Kilowattstunde ist so nur etwa halb so hoch. 2008 erzeugten Kohlekraftwerke noch fast die Hälfte des US-Stroms, dieses Jahr wird es nur noch ein Drittel sein. Obama hat wohlweislich als Bezugsjahr für seine Klimaziele nicht das Jahr 2015 ausgewählt, sondern 2005. Seither hat die Stromwirtschaft ihre CO_2-Emissionen um etwa 16 Prozent gesenkt. Die Hälfte ist also bereits erledigt. Auch Pekings Versprechen, dass Chinas CO_2-Ausstoß nach 2030 sinken wird, klingt ambitionierter, als es tatsächlich ist. Der nationale Kohleverbrauch sank schon vergangenes Jahr um fast drei Prozent, obwohl der gesamte Energiebedarf um gut zwei Prozent anstieg. Da China im großen Stil alte Kohlekraftwerke durch effizientere Meiler ersetzt sowie gigantische Wind- und Solarparks baut, dürften die CO_2-Emissionen bereits seit 2014 fallen."[71]

---

71 Hecking, Claus: Gemeinsam schnell die Welt retten, in: DIE ZEIT Nr. 32 2015, Hamburg 6.8.2015, S. 23

5. Zukunftsperspektiven

Seit Beginn des 21. Jahrhunderts häufen sich auffällige, teilweise katastrophale Wetterphänomene, die zu Ernteausfällen, Sturmschäden, Überschwemmungskatastrophen und Dürreperioden führen. Dies bemerken auch nicht direkt betroffene Menschen, denn ihre Versicherungen werden teurer.

Am auffälligsten tritt diese Entwicklung bei den Versicherern der Versicherungen in Erscheinung, den Rückversicherungen wie Munich Re, der Münchener Rückversicherung, da sich dort die versicherten Schäden zusammenaddieren. So ist es nicht verwunderlich, dass diese Institute sich mit Politikern und Industrieunternehmen zusammentun, um nach Lösungen der Klimaproblematik zu suchen.

So wurde man aufmerksam auf eine Entwicklung, die sich rund um das Mittelmeer und besonders in wüstenreichen Gebieten abzeichnete: die Entwicklung des DESERTEC-Konzeptes (2003 bis 2007).

„Das DESERTEC-Konzept wurde von einem internationalen Netzwerk von Politikern, Wissenschaftlern und Ökonomen entwickelt. Aus diesem Trans-Mediterranean Renewable Energy Cooperation (kurz: TREC) Netzwerk heraus enstand später die DESERTEC Foundation. Der Physiker Dr. Gerhard Knies und Prinz Hassan bin Talal von Jordanien, der damalige Präsident des Club of Rome, waren die treibenden Kräfte hinter der Gründung und dem Aufbau des Netzwerks.

Maßgeblich beteiligt an der Entwicklung des DESERTEC-Konzeptes waren die Forschungseinrichtungen für erneuerbare Energien der Regierungen von Marokko (CDER), Algerien (NEAL), Libyen (CSES), Ägypten (NREA), Jordanien (NERC) und Jemen (Universitäten Sana'a und Aden) sowie das Deutsche Zentrum für Luft- und Raumfahrt (DLR). Die grundlegenden Studien zum Thema DESERTEC wurden vom DLR-Forscher Dr. Franz Trieb geleitet. Die Studien wurde finanziert vom deutschen Umweltministerium (BMU), damals geführt von den Bundesministern Jürgen Trittin und später Sigmar Gabriel."[72]

Das DESERTEC-Konzept sieht vor, sauberen Strom in der Wüste zu erzeugen und in die bis zu 3000 km entfernten Verbrauchszentren zu transportieren.

„Die Wüsten der Erde empfangen in 6 Stunden mehr Energie von der Sonne, als die Menschheit in einem Jahr verbraucht. Das DESERTEC-Konzept steht für die großangelegte Produktion von Sonnen- und Windenergie in den Wüstenregionen der Erde, kombiniert mit einem intelligenten Energiemix aus Photovoltaik, Wasserkraft, Biomasse und Geothermie. Durch die Nutzung dieser erneuerbaren Energien in einem transnationalen Netzwerk kann genügend sauberer Strom erzeugt werden, um die gesamte Menschheit zu versorgen."[73]

Die dazu benötigten Technologien sind bereits vorhanden und werden weltweit kommerziell genutzt.

---

72 http://www.desertec.org/de/globale-mission/meilensteine/
73 http://www.desertec.org/de/konzept/

„DESERTEC ist technologieneutral. Das DESERTEC-Konzept integriert **alle Arten von erneuerbaren Energien** in einem transnationalen Super-Grid. Eine jedoch wichtige Technologie im DESERTEC-Konzept ist Solarthermie. Als regelbare Energiequelle ist sie in der Lage Schwankungen von Wind und Photovoltaik auszugleichen."[74]

Beispiele für den Einsatz dieser Technologien „sind das solarthermische Kraftwerk Andasol in Andalusien (Spanien) und die Solarparks in der Mojave-Wüste in Californien (USA).

Bei solarthermischer Stromerzeugung wird Sonnenenergie durch Spiegel konzentriert um Wasser zu erhitzen. Mit dem entstehenden Dampf wird eine konventionelle Stromturbine angetrieben. Da sich große Mengen an Wärmeenergie, im Gegensatz zu Elektrizität, technisch einfach und verlustarm speichern lassen, können diese Kraftwerke Strom nach Bedarf liefern – selbst nach Sonnenuntergang. Ein großer Anteil an sauberer und regelbarer Energie im Energiemix stabilisiert das Netz und ermöglicht eine effizientere Nutzung fluktuierender Energiequellen wie Wind und Photovoltaik.

Solarthermische Kraftwerke können in Regionen mit konstant hoher Sonneneinstrahlung besonders effizient genutzt werden. Aus diesem Grund sind Wüstenregionen hervorragend geeignete Produktionsstandorte."[75]

---

74 Ebenda
75 Ebenda, mit Abbildungen auf den nächsten Seite

Parabolrinne   Fresnel-Kollektor

Solarturm

„Sauberer Strom aus den Wüsten kann über Hochspannungs-Gleichstromleitungen über weite Strecken transportiert werden. 90% der Menschheit könnten theoretisch mit sauberen Strom aus der Wüste versorgt werden, da sie im Umfeld von 3000 Km einer Wüste leben. Mit lediglich 3% pro 1000 Kilometer ist die Verlust-

rate relativ gering – die Standortvorteile von Solaranlagen in
Wüsten gleichen diese Leitungsverluste mehr als aus.

Insbesondere China hat bereits Erfahrung mit der Nutzung von
Hochspannungsgleichstromübertragungsleitungen (HGÜ), wie
sich am Beispiel der 1418km langen HGÜ-Leitung zwischen
Yunnan und Guangdong zeigt."[76]

Im Jahr 2008 startete der Solarplan der Union für das Mittelmeer
(UfM). Der Mittelmeer-Solarplan hat sich zum Ziel gesetzt, bis
zum Jahr 2020 den Aufbau erneuerbarer Energieprojekte mit
insgesamt 20 Gigawatt durchzuführen.

Am 20. Januar 2009 erfolgte die Gründung der DESERTEC
Foundation als gemeinnützige Stiftung, „um die Umsetzung des
globalen DESERTEC-Konzeptes "Sauberer Strom aus Wüsten"
weltweit voranzutreiben. Stiftungsgründer der DESERTEC
Foundation sind die Deutsche Gesellschaft Club of Rome e.V.,
Mitglieder des Wissenschaftlernetzwerks TREC sowie engagierte
private Förderer und langjährige Unterstützer der DESERTEC-
Idee."[77]

Von 2009 bis 2014 untersuchten Wirtschaftsunternehmen die
Wirtschaftlichkeit und Realisierbarkeit der DESERTEC-Vision
mit positivem Ergebnis. Die zu diesem Zweck vorerst auf drei
Jahre angelegte Beratungsfirma Dii GmbH unterstrich schon 2012
die wirtschaftliche Realisierbarkeit und „die eindeutigen Vorteile
eines Stromverbundes der EUMENA-Region. Mit dem Report
„Getting Started" bestätigt sie 2013 endgültig sowohl die wirt-

---

76 Ebenda
77 http://www.desertec.org/de/globale-mission/meilensteine/

schaftliche Attraktivität als auch die Umsetzbarkeit. Bereits heute bestünden die technischen und energiewirtschaftlichen Voraussetzungen, Strom aus Erneuerbarer Energie zu wettbewerbsfähigen Bedingungen zu erzeugen und der Transport sowohl innerhalb der MENA Region, als auch zwischen EU-MENA sei wirtschaftlich heute schon attraktiv. So könnten große CSP-, Wind- und PV-Kraftwerke Elektrizität zu weit geringeren Kosten erzeugen als Kraftwerke, die mit Erdöl betrieben werden. Der Mittelmeerraum sei aus energiepolitischer Perspektive langfristig als Zentrum anstatt als Grenze zu begreifen. Wie der Ausbau der Erneuerbaren Energien in der gesamten EUMENA Region aus Sicht der Industrie ermöglicht werden könne wird in klaren Handlungsempfehlungen beschrieben. Nach Erfüllung ihrer Aufgabe, wird die Dii GmbH ab 2015 von drei Unternehmen als Beratungsgesellschaft betrieben."[78]

Auch in der Nordsee entwickelt sich die Windkraft wieder weiter. Mit der Schlagzeile „**Offshore-Branche schöpft wieder Hoffnung**" und dem Untertitel „Nach Jahren der Krise zeichnet sich eine Wende ab – Siemens investiert Millionen – ABB nimmt Netzanbindung in Betrieb" beschreiben Ralf E. Krüger und Christine Schultze in einem Artikel der Rhein-Neckar-Zeitung vom 8./9. August 2015 eine vielversprechende Entwicklung der Windkraftbranche in der Nordsee.[79]

Der Elektrokonzern Siemens baue in Cuxhaven ein neues Werk für Offshore-Windturbinen.

---

78 Ebenda
79 Krüger, Ralf E., Schultze, Christine: Offshore-Branche schöpft wieder
   Hoffnung, in Rhein-Neckar-Zeitung / Nr. 181 vom 8./9. August 2015, S. 22

„Allein im ersten Halbjahr gingen 422 Offshore-Windenergie-
anlagen mit einer Leistung von 1765,3 Megawatt (MW) neu ans
Netz, rechnet die Deutsche Windguard vor. Auf See speisten damit
Ende Juni inzwischen schon 668 Anlagen mit einer Leistung von
2777,8 MW Strom ein. Europa ist der mit Abstand größte Off-
shore-Markt der Welt mit gut 8000 Megawatt installierter
Leistung.

In dieser Woche wurde auch die Offshore-Netzanbindung Dol-
win1, die ABB gebaut hat, in Betrieb genommen und an den
deutsch-niederländischen Übertragungsnetzbetreiber Tennet über-
geben. Die 800 Megawatt starke Gleichstromanlage bindet Off-
shore-Windparks im rund 75 Kilometer vor der deutschen Küste
gelegenen Dolwin-Cluster an das Übertragungsnetz des Landes
an.“[80]

Dolwin1 heißt die von ABB gebaute Netzanbindung, die den Strom von zurzeit etwa 160 Offshore-Windrädern an Land bringt. Foto: ABB

---

80 Ebenda, mit Abbildung

In den Jahren 2009 bis 2013 wurden die Rahmenbedingungen für die Windenergie-Erschließung von der Politik recht stiefmütterlich behandelt. Das hat sich inzwischen geändert. Für Siemens ist daher der neue Standort ein wichtiger Schritt zur kostengünstigeren Produktion.

„Die Kosten für den Bau von Windparks sind bisher zwar immer noch hoch – doch die Münchener arbeiten an der Industrialisierung des Geschäfts... Dazu soll auch eine bessere Logistik beitragen. Dank der gut ausgebauten Hafenanlage in Cuxhaven könnten schwere Komponenten direkt auf Transportschiffe geladen werden."[81]

Im Verlauf der Erweiterung der Windparks und Photovoltaik-Anlagen wurde immer deutlicher, dass häufig zu viel Strom erzeugt wird, wenn der Wind kräftig bläst oder die Sonne scheint, dass es andererseits zu Hochdruckwetterlagen mit Flauten kommt. Nachts fällt der Strom aus Photovoltaik-Anlagen aus. Hier werden Speichersysteme benötigt, die bei Strommangel einspringen können und gespeicherten Strom liefern.

Die bekanntesten Speichersysteme sind die bewährten Speicherseen, die bei überschüssigem Strom mit Wasser aus dem Tal gefüllt werden und in Zeiten des Strommangels abgelassen werden und dabei Turbinen antreiben zur Stromerzeugung. Die Kapazität dieser Speicherseen reicht aber bei Weitem nicht aus.

Eine weitere Möglichkeit zur Stromspeicherung bieten Akkumulatoren, die jedoch für Massenkapazitäten viel zu teuer sind. Eine dritte Möglichkeit, überschüssigen Strom zu speichern, bietet die

---

81 Ebenda

Elektrolyse. Mit ihrer Hilfe wird Wasser in seine Bestandteile Wasserstoff und Sauerstoff zerlegt. Die Gase werden nun in geeigneten Tanks gelagert und bei Strommangel in Brennstoffzellen zu Wasser vereinigt, wobei sie die Verbrennungsenergie in Form von elektrischem Strom abgeben. Diese Technik ist erprobt und wird für den großtechnischen Einsatz zur Zeit weiterentwickelt.

Den Stand der Entwicklung beschreibt Katja Scherer in einem Artikel in der Wochenzeitung DIE ZEIT Nr. 18 vom 29. April 2015 auf Seite 31.[82]

Unter der Schlagzeile „**Rein ins Rohr**" mit dem Untertitel „Wenn die Sonne scheint und der Wind weht, wird zuviel Strom produziert, sonst zu wenig. Helfen könnte das Gasnetz, wenn man es in einen Speicher verwandelt", steht als Zusammenfassung: „**50** Terawattstunden Strom aus erneuerbaren Energien müssen 2050 womöglich gespeichert werden – dreimal mehr als 2020. Das Gasnetz könnte dabei helfen."[83]

Ein Container in Frankfurt am Main im Industriegebiet enthält eine Testanlage dieser Elektrolysetechnologie. Das Herzstück ist der PEM-Elektroliseur, eine Protonen-Austausch-Membran. „Sie ermöglicht es, aus Wasser mithilfe von Strom Wasserstoff zu gewinnen, also elektrische Energie in chemisch gebundene umzuwandeln. Das Wasserstoff-Gas wird so zu einer Art Stromspeicher. Power-to-Gas nennt sich dieses Verfahren."[84]

Damit werde es möglich, auch große Mengen an überschüssiger

---

82 Scherer, Katja: Rein ins Rohr, in: DIE ZEIT Nr. 18, Hamburg 2015, S. 31
83 Ebenda
84 Ebenda

erneuerbarer Energie zu speichern. „Nach Berechnungen der Thüga wir der Speicherbedarf für erneuerbare Energien im Jahr 2020 bei 17 Terawattstunden liegen und bis 2050 auf rund 50 Terawattstunden anwachsen. Damit die Energiewende funktionieren kann, braucht Deutschland langfristig Verfahren, um den aus regenerativen Quellen erzeugten Strom zu speichern. Das bestehende Gasnetz der Versorger soll Abhilfe schaffen: Seine jährliche Speicherkapazität ist laut Thüga viermal so groß wie der Bedarf 2050. Mithilfe von Power-to-Gas könnte es wie ein Schwamm jene Energie aufsaugen, die sonst ungenutzt versickern würde – und sie wieder abgeben, wenn im Stromnetz zu wenig davon da ist."[85]

Für die Einspeisung in das Frankfurter Erdgasnetz „gibt es allerdings strenge Auflagen: Der Anteil von Wasserstoff im Gasnetz darf laut Gesetzgeber nicht höher sein als zwei Prozent. Dadurch soll verhindert werden, dass irgendwo in Frankfurt plötzlich eine Erdgastankstelle in die Luft fliegt, denn Wasserstoff gilt als entzündlich.

Eine andere Möglichkeit, das Power-to-Gas-Verfahren zu nutzen, ist daher die Weiterverarbeitung des Wasserstoffs zu Methan. Dieses hat ähnliche chemische Eigenschaften wie herkömmliches Erdgas und kann daher unbegrenzt ins Gasnetz eingespeist werden."[86]

„Mit dem aus erneuerbarer Energie gewonnenen Methan könnten auch Erdgasautos betankt werden… Der Praxistest läuft bereits:

---

85 Ebenda
86 Ebenda

Der Autohersteller Audi betreibt seit 2013 eine Pilotanlage im niedersächsischen Werlte.“[87]

Aus Strom mach Gas: Das ist die Idee der neuen Technik. Hier eine Demonstrationsanlage auf dem Werksgelände der Mainova AG in Frankfurt

Alternative Antriebskonzepte nutzen die Rückwandlung von Wasserstoff in Antriebsenergie allerdings mit viel höherem Wirkungsgrad, beispielsweise das rein elektrisch fahrende Brennstoffzellenauto von Toyota, das ab September diesen Jahres (2015) erhältlich ist. Allerdings sind für Privatkunden viel zu wenige Wasserstofftankstellen vorhanden, so dass eher Taxiunternehmen und Stadtwerke als Kunden in Frage kommen. In größerem Maßstab ist die Brennstoffzellentechnik offenbar noch zu teuer.

---

87 Ebenda, mit Abbildung

In den Vereinigten Arabischen Emiraten ist es bereits zu einer
weiter gehenden Entwicklung einer Ökostadt gekommen. Masdar-
City ist ein Stadtbauprojekt im Emirat Abu Dhabi, das im Jahr
2008 startete.[88]

Die im Bau befindliche Stadt soll vollständig durch erneuerbare
Energie versorgt werden. Die Wasserentsalzungsanlagen sollen
mit Solarenergie auskommen. Der gesamte Energieverbrauch der
Stadt soll nur noch ein Viertel des im Land üblichen Pro-Kopf-
Verbrauchs betragen. Die Energieversorgung soll vollständig frei
von Kohlendioxiderzeugung sein.

„Masdar wird etwa 30 Kilometer östlich der Hauptstadt Abu
Dhabi errichtet, westlich an den Abu Dhabi International Airport
angrenzend. Das ehrgeizige Projekt auf einer Fläche von sechs
Quadratkilometern wird auf 47.500 Einwohner und rund 1500
Firmen und Institute aus dem Ökologiesektor ausgelegt und kein
Punkt im Stadtgebiet wird mehr als 200 Meter von einer Halte-
stelle der öffentlichen Verkehrsmittel entfernt sein. Die Initiative
wird von der Abu Dhabi Future Energy Company (ADFEC) und
Scheich Muhammad bin Zayid Al Nahyan angeführt. Initiiert im
Jahre 2006, wurde das Projekt für einen Erstbezug ab 2016
geplant… Im Frühjahr 2010 wurde jedoch in diversen Medien
über zeitliche Verzögerungen und finanzielle Probleme berichtet.
Die Bauarbeiten haben an Tempo und Zielstrebigkeit verloren, als
neuer Fertigstellungstermin des Gesamtprojekts wird nun das Jahr
2025 genannt."[89]

---

88 http://masdar.ae/
89 https://de.wikipedia.org/wiki/Masdar

Masdar wird auch eine neue Universität beherbergen, die erste
Hochschule weltweit, „die sich ausschließlich dem Komplex der
ökologischen Nachhaltigkeit auf Basis der erneuerbaren Energien
widmet. Seit 2009 werden bereits erste Einrichtungen der Hochschule bezogen, ein Drittel der Studenten wird im Masdar-Gebiet
wohnen und in die Stadtplanung und Bauausführung im Rahmen
ihrer Studienprogramme praktisch eingebunden sein. Man rechnet
auch damit, dass die in und um Masdar niedergelassenen Firmen
und deren Institute im Verlauf der Bauprojekte neuartige Erfah-
rungen sammeln, besondere technologische Verfahren anwenden
müssen oder so neues ökologisch nutzbares Wissen generieren,
das sie auf dem wachsenden Weltmarkt für nachhaltige Systeme
vermarkten können."[90]

Die Energieversorgung wird durch ein eigenes Solarkraftwerk und
einen Windpark gesichert. Fossil betriebene Fahrzeuge wird es in
Masdar nicht mehr geben, sie müssen vor der Stadt parken. Der
Personentransport geschieht von dort an mit elektrisch betriebenen
öffentlichen Verkehrsmitteln.

„Der reibungslose Verkehr in der Musterstadt ist mit verschiedenen, aufeinander abgestimmten öffentlichen Verkehrsmitteln
geplant, die jeweils einer Ebene zugeordnet sind. Im Untergrund
von Masdar und zwei weiteren Stadtteilen von Abu Dhabi werden
lokal sogenannte Personal-Rapid-Transit-Netze (PRT-Netze) der
niederländischen Firma 2getthere installiert. Hier handelt es sich
um einen elektrisch motorisierten Individualverkehr, bei dem der
Nutzer in einer automatisierten Kabine ohne zu warten an sein
selbst bestimmtes Ziel gelangt… Seit August 2011 wird mit zehn

---

90 Ebenda

Kabinen das System unter Masdar City erprobt, auch der Einsatz zum gesonderten Frachttransport ist im Programm. Die Kabinen werden an mit Trenntüren gesicherten Haltestellen bestiegen bzw. beladen und bewegen sich über bodengleiche Leitschwellen mit bis zu 40 km/h im Verkehrsdeck.

Masdar wird damit weltweit die erste Stadt sein, die ein PRT-Netz für eine autofreie Stadt einsetzt. Auf den (erdgeschossigen) Straßen, dem „Podium Level", sind keine Pkw erlaubt. Sie sind nur für Fußgänger und Fahrradfahrer vorgesehen. In einer höheren Ebene ist eine Hochbahn (*Light Rail Transit*, LRT) geplant, die Masdar mit anderen Stadtteilen und dem Flughafen verbindet. Des Weiteren ist unter der Ebene des PRT noch eine Regionalbahn geplant."[91]

Station für führerlose Kabinenfahrzeuge

„Nach ersten Plänen sollte Masdar City 2016 fertiggestellt sein; seit Januar 2010 ist jedoch bekannt, dass sich die Gesamtfertigstellung mindestens bis 2025 verzögern wird, nur das Teilprojekt Masdar-Kernstadt soll 2016 arbeitsfähig sein. Der offiziell genannte Grund ist die Berücksichtigung weiterer neuer

---

91 Ebenda, mit Abbildung

Technologien. Seit Mai 2009 laufen die Arbeiten am Fundament des Hauptquartiers der Ökostadt, das Masdar Institute der Technischen Hochschule eröffnete zum Semester 2010/2011 mit 170 handverlesenen postgraduierten Studenten. Ansonsten gibt es aufgrund der Finanzkrise kaum Baufortschritte, so sind z. B. die Aufträge für den Bau von Wohnungen und Büroräumen noch nicht vergeben. Aus dem Projektumfeld ist zu hören, dass sich der wichtige städtebauliche Teil des Projektes in der Schwebe befände.

Als Haupthindernis erweist sich die fehlende Planungssicherheit infolge der autokratischen Führung des Landes. Vereinbarungen können von der herrschenden Familie des Emirs jederzeit widerrufen werden."[92]

In Sven Plögers lesenswertem Buch „GUTE AUSSICHTEN FÜR MORGEN" mit dem Untertitel „Wie wir den Klimawandel für uns nutzen können"[93] wird diese Problematik noch nicht thematisiert. Die Entwicklung geht jedoch inwzischen weiter:

„Die **Internationale Organisation für erneuerbare Energien** (englisch: *International Renewable Energy Agency*; Abkürzung: **IRENA**) ist eine internationale Regierungsorganisation mit dem Ziel der Förderung der umfassenden und nachhaltigen Nutzung erneuerbarer Energien in aller Welt. Ihr Hauptsitz wird zukünftig in der Ökostadt Masdar City in den Vereinigten Arabischen Emiraten sein.

---

92 Ebenda
93 Plöger, Sven: GUTE AUSSICHTEN FÜR MORGEN, Frankfurt/Main und München, 2. Auflage 2010, S. 295f

Stand Januar 2015 sind 138 Staaten und die Europäische Union
Mitglied der IRENA. Außerdem haben 35 Staaten eine Mitglied-
schaft beantragt... Die Satzung der Organisation trat am 8. Juli
2010 und damit am 30. Tag nach der 25. erfolgten Ratifikation in
Kraft (Art. XIX lit. D der Satzung...).

Seit dem 3. April 2011 ist der Kenianer Adnan Z. Amin
Generaldirektor von IRENA... Amin hatte zuvor bereits einige
Monate als Interimsdirektor fungiert, nachdem seine Vorgängerin
Hélène Pelosse nach nicht einmal anderthalb Jahren im Amt
überraschend zurückgetreten war...

Gemeinsam mit der IEA kommt der IRENA eine herausragende
Bedeutung zu Energiefragen im Allgemeinen sowie zu Themen
bezüglich der erneuerbaren Energien im Speziellen zu."[94]

---

94 https://de.wikipedia.org/wiki/Internationale_Organisation_für_erneuerbare
    _Energien

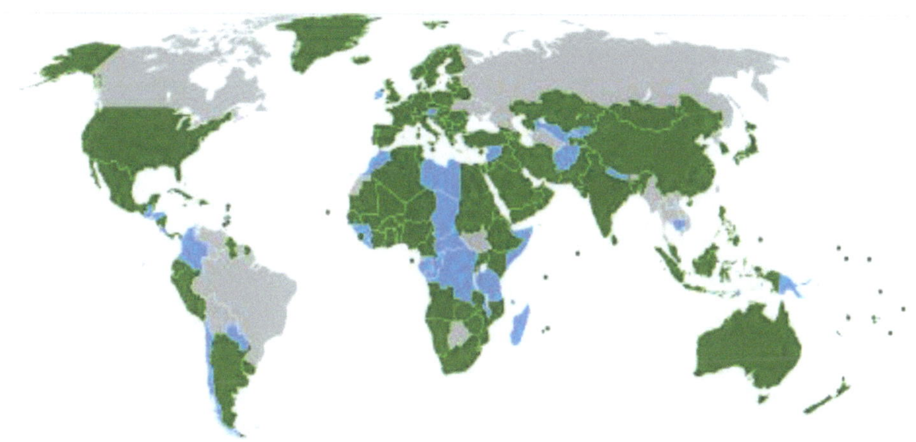

Blau: Länder, die das Abkommen der Internationalen Organisation für erneuerbare Energien unterzeichnet haben,
Grün: Länder, die das Abkommen unterzeichnet und ratifiziert haben, Stand: 17. Januar 2015.

„IRENA wurde am 26. Januar 2009 mit der Unterzeichnung der Satzung durch 75 Staaten in Bonn gegründet... Auf dem ersten Treffen der Vorbereitungskommission (Preparatory Commission), dem vorübergehenden Gremium, durch das IRENA bis zur 25. Ratifizierung der Satzung verkörpert wird, verständigten sich die Signatarstaaten über die Regeln und das Auswahlverfahren des vorläufigen Generaldirektors und des Sitzes von IRENA. Darüber hinaus wurden die Mitglieder aufgerufen, bis zum 30. April 2009 Nominierungen und Bewerbungen für den Sitz und den General-direktor einzureichen. Auf dem zweiten Treffen der Vorberei-tungskommission am 29. und 30. Juni 2009 in Ägypten (Sharm El Sheikh) wurde gemeinsam über den Sitz und den Generaldirektor entschieden, danach wird der Sitz der IRENA in Abu Dhabi sein, in Bonn wird der Sitz eines Innovations- und Technologiezentrums eingerichtet, während in Wien ein Verbindungs- und Kontaktbüro zur UN im Bereich Energie und zu anderen internationalen Institutionen entsteht. Bis dahin wurden ein Sitz-, ein Generaldirektor- und ein Verwaltungskomitee ins Leben gerufen, die das zweite Treffen inhaltlich vorbereiten sollen. Weitere Punkte auf der Agenda für Ägypten umfassen die Verabschiedung eines Arbeitsprogrammes, des Budgets und der Finanz- und Personalordnung von IRENA, die für die Übergangsphase in den Jahren 2009 und 2010 Geltung haben werden.

Drei Jahre nach Gründung nimmt die Organisation auch auf Grund des schnellen Mitgliederzuwachses an Fahrt auf. In verschiedenen Analysen und Papieren hat IRENA umfassendes Datenmaterial über den weltweiten Ausbau der erneuerbaren Energien zusammengestellt. Neben dem Überblick über die Kostensituation der erneuerbaren Energien 2012 ist vor allem der GlobalAtlas bedeutsam, der in den nächsten Jahren ergänzt und ausgeweitet wird. Dieser liefert Informationen für Investoren über Potentiale der erneuerbaren Energien in verschiedenen Ländern. Auch liegt bereits eine Strategie zum Thema Capacity Buildung vor, d. h. Informationsvermittlung, Bildung und Ausbildung über erneuerbare Energien."[95]

Die Politik ist also in der Pflicht, eine zu starke Erwärmung der Erde zu verhindern. Dies verdeutlichte auch der letzte G7-Gipfel, der in Garmisch-Partenkirchen, Ortsteil Krün, auf Schloss Elmau stattfand.

---

95 Ebenda, mit Abbildung

Am 7. und 8. Juni 2015 trafen sich hier die Regierungschefs der USA, Japans, Kanadas und der vier europäischen Länder Frankreich, Großbritannien, Deutschland und Italien, um über die drängendsten Probleme im Weltgeschehen zu beraten.

Dazu schreibt die Wochenzeitung DIE ZEIT in ihrem Kommentar vom 8. Juni 2015 um 20:26 unter der Schlagzeile „**Elmau-Gipfel Die G7 allein können es nicht richten**"[96] im Untertitel:

„Die Lenker der sieben großen Industrieländer treffen in Elmau viele, zum Teil vage Vereinbarungen. Einlösen können sie diese jedoch nur mit anderen. Ein Kommentar von Carsten Luther. Schloss Elmau."[97]

Die G-7-Teilnehmer mit Wanderführerin Angela Merkel in der Mitte beim Gang über die Blümchenwiese vor Schloss Elmau © Christian Hartmann/Reuters

---

96 http://www.zeit.de/politik/deutschland/2015-06/g7-ergebnisse-kommentar
97 Ebenda, mit Abbildung

„Längst haben andere Foren dem Club der Sieben den Rang abgelaufen, in denen China, aufstrebende Schwellenländer und eben auch das in Elmau erneut ausgeschlossene Russland vertreten sind. Wie auf die Veränderung des Klimas reagieren, wie die Entwicklungsziele der Vereinten Nationen voranbringen und finanzieren, wie in der Ukraine, in Syrien oder im Nahen Osten Schritte Richtung Frieden ermöglichen und den Terrorismus eindämmen? Wie nachhaltiges Wachstum sichern, das nicht auf Kosten von Menschen und Umwelt geht? Fast alle Probleme, vor denen die Welt steht, wurden bei diesem Gipfel behandelt, über alle wird weiter zu sprechen sein – mit anderen, wenn sich etwas verändern soll. Denn konkretere Reaktionen auf globale Herausforderungen als bei diesem fröhlichen Treffen in Elmau sind inzwischen eher im Rahmen der G 20 und anderer Gesprächsrunden zu erwarten."[98]

„Zum Beispiel beim Klimawandel: Viel ist es eben nicht, wenn die Lenker der G-7-Staaten lediglich bekräftigten, die Erderwärmung im Vergleich zur vorindustriellen Zeit auf zwei Grad begrenzen zu wollen, und wenn sie anstreben, "im Laufe des Jahrhunderts" ganz auf fossile Energieträger zu verzichten. Es ist lediglich eine Etappe, der kleinste gemeinsame Nenner. Ein Anschubser für die UN-Klimakonferenz in Paris im Dezember...

Schon eher lässt sich etwas damit anfangen, wenn die Sieben Geld versprechen: etwa mit der Bekräftigung, den schon zuvor geplanten milliardenschweren Klimaschutzfonds für Entwicklungsländer zu füllen – doch auch damit kann man erst arbeiten, wenn er wirklich finanziert ist…

---

98 Ebenda

Und dennoch ist dieses Format kein Anachronismus in einer Zeit, da alle Probleme global sind. Die Runde, die in Elmau zusammenfand, ist kein die Weltordnung allein bestimmender Zirkel, aber sie hat noch immer Gewicht. Wenn sie will. Worauf sich die Sieben hier im partnerschaftlichen Dialog geeinigt haben, können sie innerhalb der schwerfälligen G-20- oder UN-Mechanismen mit gemeinsamer Stimme voranbringen, sie können Überzeugungsarbeit leisten, in vielen Fragen Vorreiter sein."[99]

Klimaschutz ist offenbar kein Schlagwort mehr, sondern beschäftigt die Weltbevölkerung zunehmend angesichts immer heftiger werdender Wetterkapriolen und Umweltkatastrophen. Die Folgen des Klimawandels sind mittlerweile gut dokumentiert. „Aufgrund der langen Verweildauer der Treibhausgase in der Atmosphäre (CH_4: 12 Jahre, CO_2: 120, SF_6: 3200) wird sich in den nächsten Jahrzehnten das Klima weiter erwärmen. Die Stärke des Temperaturanstiegs und die damit verbundenen Klimafolgen werden davon abhängen, ob und wie stark die Emissionen durch den Menschen vermindert werden können. Für seinen 2013 veröffentlichten jüngsten Sachstandsbericht hat der IPCC vier Szenarien mit unterschiedlicher Entwicklung der Treibhausgas-Konzentrationen berechnet. Je nach Szenario wird die Erwärmung im 21. Jh. im günstigsten Fall 0,8°C und im ungünstigsten bis zu 4,8°C betragen.

Diese globale Erwärmung führt zu einem **Anstieg der Meeresspiegel**: laut dem letzten IPCC-Bericht 1901–2010 durchschnittlich um 1,7 mm/Jahr, 1993–2010 um 3,2 mm/Jahr. Im Lauf des

---

99 Ebenda

21. Jh. könnte der Meeresspiegel je nach Szenario zwischen 26 und 82 cm ansteigen, wobei für den Anstieg zu 30–55% die thermische Ausdehnung der Ozeane verantwortlich ist, für den Rest das Abschmelzen von Gletschern.

Das **Eis an den Polen** ging in den letzten Jahren unerwartet schnell zurück. Laut dem jüngsten IPCC-Bericht verlor der grönländische Eisschild 1992–2001 jährlich 34 Mrd. t, 2002–11 jährlich 215 Mrd. t. Die arktische Meereis-Bedeckung erreichte 2012 ihren Negativrekord. 2013 wich die Grenze des kompakten Packeises (mehr als 90% Eisbedeckung) nördlich der russischen Inselgruppen Franz-Josef-Land und Sewernaja Semlja erstmals seit Beginn der Satellitenmessungen bis hinter den 88. Breitengrad zurück. Auch im Sommer 2014 lag die Eisschmelze über dem Durchschnitt der Jahre 1981–2010. Außerdem waren Schnee und Eis dunkler als 2013, was die Schmelze noch weiter beschleunigt, da Meereis je nach Schneebedeckung 60–90% des Sonnenlichts reflektiert (Albedo-Effekt), während dunkle Schnee- und Eisflächen es zu 90% absorbieren. Dadurch erwärmt sich das Meerwasser. Dies fördert nicht nur die weitere Eisschmelze, sondern auch die Freisetzung des Treibhausgases Methan aus Meeressedimenten. Klimaforscher bezeichnen solche Effekte als positive Rückkoppelung.

In der Antarktis verfünffachte sich die Eisschmelze von jährlich 30 Mrd. t (1992–2001) auf 147 Mrd. t/Jahr im Zeitraum 2002–11. Im Frühjahr 2014 erreichte der westantarktische Eisschild einen entscheidenden »**Kipp-Punkt**« (tipping point): Die Schmelze führte zu einer Destabilisierung, die das weitere Abschmelzen beschleunigt und den Zerfall des Eisschildes –so das Ergebnis mehrerer wissenschaftlicher Studien – unumkehrbar macht.

Auch das **Abschmelzen der Gebirgsgletscher** hat sich in den vergangenen Jahren beschleunigt. Laut dem jüngsten IPCC-Bericht verloren sie 1971–2009 im Schnitt 226 Mrd. t Eis/Jahr, 1993–2009 stieg der Verlust auf 275 Mrd. t/Jahr. Langfristig kann es durch fehlende Gletscher in Gebirgstälern zu Wassermangel kommen. Anders als in Mitteleuropa oder Nordamerika mit seinen sommerlichen Niederschlägen wird sich dies in trockenen Regionen Asiens, deren Flüsse im Sommer fast ausschließlich von Gletscherschmelzwasser gespeist werden, bis weit ins Flachland hinein auswirken, z.B. im derzeitigen Einzugsgebiet der Gletscher des Pamir-Gebirges.

Da eine wärmere Atmosphäre mehr Feuchtigkeit aufnimmt und insgesamt mehr Energie enthält, erwarten Klimaforscher eine **Zunahme von Wetterextremen**. Auf der Nordhalbkugel wirkt offenbar noch ein zweiter Effekt. Der Klimawandel beeinflusst auch den Jetstream, an dem entlang sich die globalen Luftströmungen in den mittleren Breiten bewegen. Je nach Lage saugt er tropische Luft nach Norden oder arktische nach Süden. Wenn der Jetstream »hängenbleibt«, führt dies am Boden zu Extremwetter. Eine Untersuchungen des Potsdam-Instituts für Klimafolgenforschung (PIK) von 2014 zeigt, dass dies seit dem Jahr 2000 fast doppelt so oft passiert wie zuvor.

Von den Folgen des Klimawandels werden die ärmsten Länder der Welt am stärksten betroffen sein. Nach einer Ende 2012 vom PIK im Auftrag der Weltbank erstellten Studie wird sich die zu befürchtende Erwärmung um 4°C bis 2100 in den tropischen

Regionen besonders stark auswirken. Danach wird der erwartete Anstieg der Meeresspiegel rund um den Äquator um 15–20% stärker ausfallen als andernorts – was die Risiken bei heftiger werdenden Tropenstürmen und Überschwemmungen zusätzlich erhöht. Die zukünftigen Durchschnittstemperaturen lägen über dem heutigen Niveau von Hitzewellen, Dürren und Ernteausfälle würden häufiger und schwerwiegender."[100]

Der Klimaschutz wird damit zu einem Schutz der Weltbevölkerung vor einem zu starken Klimawandel. Rekapitulieren wir die bisherigen weltpolitischen Maßnahmen. „In der 1992 auf dem Erdgipfel in Rio de Janeiro (Brasilien) unterzeichneten Klimarahmenkonvention (KRK) formulierten 152 Staaten das gemeinsame Ziel, »die Stabilisierung der Treibhausgaskonzentrationen in der Atmosphäre auf einem Niveau zu erreichen, auf dem eine gefährliche anthropogene Störung des Klimasystems verhindert wird«. Die KRK trat am 21.3.1994 in Kraft und wurde bis Mai 2015 von 195 Staaten und der EU ratifiziert. Auf dem Weltklimagipfel von Cancún (Mexiko) Ende 2010 wurde dieses Ziel erstmals verbindlich konkretisiert: Die Erwärmung soll demnach bis 2100 auf 2°C gegenüber dem vorindustriellen Niveau beschränkt werden. Laut dem aktuellen IPCC-Bericht dürften die kumulativen CO_2-Emissionen 2900 Mrd. t nicht übersteigen, um dieses Ziel zu erreichen. Allerdings wurden 69% dieser Menge seit Beginn der Industrialisierung bereits emittiert.

Nach Angaben des IPCC ist das **Zwei-Grad-Ziel** nur dann zu erreichen, wenn die CO_2e-Konzentration der Atmosphäre im Jahr

---

100 Der neue Fischer Weltalmanach 2016, S. 694f

2100 bei ca. 450 ppm liegt. Laut IPCC ist durch entsprechende Klimaschutzmaßnahmen mit einem Rückgang des Konsums von durchschnittlich 1,7% im Jahr 2030, 3,4% im Jahr 2050 und 4,8% im Jahr 2100 zu rechnen; positive wirtschaftliche Auswirkungen von Klimaschutzmaßnahmen z.B. im Bereich des Gesundheitswesens und der Luftreinhaltung sind dabei nicht eingerechnet. Eine Verzögerung dieser Maßnahmen würde langfristig zu höheren Kosten führen.

Der seit 2011 jährlich erscheinende »Gap-Report« des Umweltprogramms der Vereinten Nationen (UNEP) berechnet das CO_2-Budget, das die **Einhaltung des Zwei-Grad-Ziels** ermöglicht: Demzufolge müsste zwischen 2055 und 2070 die CO_2-Neutralität erreicht werden, d.h. die Emissionen müssen durch Senken ausgeglichen werden. Zwischen 2080 und 2100 müssten die Emissionen auf Null sinken."[101]

Der Weltklimagipfel in Lima im Jahr 2014 war eine wichtige Station auf dem Weg zum Klimagipfel in Paris im Dezember 2015. „Bei der UN-Weltklimakonferenz in Lima (Peru) vom 1.–14.12. 2014 setzten die Vertreter von 195 Staaten und der EU die Arbeit am Text des Abkommens fort, das im Dezember 2015 in Paris verabschiedet werden und 2020 in Kraft treten soll. Offen blieb, welche Rechtsform das Abkommen haben wird. Intensiv wurde v.a. um die Balance zwischen Emissionsminderung und Anpassung gerungen. Im Schlussdokument wurde betont, dass letztere zukünftig eine größere Rolle spielen soll; dies war ein wichtiges Anliegen der Entwicklungsländer.

---

101 Ebenda, S. 695f

Vertreter der Indigenen Organisationen des brasilianischen Amazonas beim Weltklimagipfel in Lima

Gleichzeitig wurde beschlossen, dass alle Staaten so bald wie möglich ihre geplanten Klimaschutzbeiträge vorlegen sollen. Ein weiterer zentraler Punkt war die Verteilung der Verpflichtungen unter den Staaten. Das Kyoto-Protokoll war nur für Industrieländer verpflichtend. Diese (und die EU) plädieren jetzt dafür, die Unterscheidung aufzugeben und die Verpflichtung an der wirtschaftlichen Leistungsfähigkeit der Staaten zu orientieren; dies würde Schwellenländer wie Brasilien oder die VR China betreffen. In den Grünen Klimafonds, der Entwicklungsländer bei Klimaschutz und Anpassung unterstützen soll, wurden über 10 Mrd. US-$ eingezahlt."[102]

---

102 Ebenda, S. 696, mit Abbildung

Es gehört inzwischen zum wissenschaftlichen Allgemeingut, dass Wälder zu den wichtigsten Kohlendioxidsenken gehören. Also sollte etwas zum Schutz von Wäldern unternommen werden.

„Trotz zahlreicher Bemühungen gibt es bisher noch **keine globale Konvention zum Schutz der Wälder**. Das im Jahr 2000 eingerichtete UN-Waldforum (UN Forum on Forests/UNFF) hat sich 2007 auf ein Internationales Wald-Abkommen geeinigt. Obwohl völkerrechtlich nicht verbindlich, wurde es als erstes globales Abkommen zum Schutz der Wälder positiv gewürdigt. Erstmals werden darin Kriterien einer nachhaltigen Waldbewirtschaftung umfassend und einheitlich definiert. Bei der 11. Sitzung des Forums vom 4.–15.5.2015 standen Debatten über Organisation und zukünftige Arbeit des Forums im Mittelpunkt. Es wurde eine Arbeitsgruppe eingerichtet, die mit Unterstützung von Experten eine Strategie 2017–30 und einen Vierjahres-Arbeitsplan 2017–20 entwickeln soll.

Unabhängig vom internationalen Prozess haben viele Länder den Schutz der Wälder verbessert. Laut FAO liegen etwa 12% der Wälder in Schutzgebieten, die dem Erhalt der biologischen Vielfalt gewidmet sind; die Fläche nahm 2000–10 um 1,9%/Jahr zu.

Neue Anreize zum Erhalt der Wälder könnten von dem internationalen Klimaschutzabkommen ausgehen, das bis Ende 2015 ausgehandelt werden soll. Unter dem Namen REDD (Reduzierung von Emissionen durch Entwaldung und Schädigung) wurde der Schutz der Wälder bereits auf der UN-Klimakonferenz von Bali 2007 als Ziel formuliert. Ärmere Länder sollen im Rahmen dieser Regelung einen finanziellen Ausgleich erhalten, wenn sie ihre

Regenwälder schützen. Später wurde das Programm um nachhaltige Waldbewirtschaftung erweitert (REDD+)."[103]

Seit einigen Jahren wurde durch Satellitenbilder bekannt, dass in der Arktis im Sommer das Eis schneller schmilzt, als durch wissenschaftliche Berechnungen entsprechend der bisherigen Klimaerwärmung schmelzen dürfte. Ab 2012 setzte man Roboterbojen für Messungen im Arktischen Meer ein und fand inzwischen heraus, dass es einen positiven Rückkopplungseffekt für diesen Befund gibt: „Selbst in den wärmsten Jahren steckt die Arktis im Frühjahr noch unter einem Eispanzer. Doch gegen Ende des Sommers gibt es dort eine Wasserfläche von der doppelten Größe des Mittelmeers. Je ausgedehnter diese Fläche, desto größer ist die Streichlänge des Winds, und desto höhere Wogen türmen sich auf: Der Wind treibt das Wasser vor sich her – je weiter und je länger, desto gewaltiger der Wasserberg.

Wenn das Meer eisfrei ist, absorbiert es auch mehr Sonnenlicht. Dadurch erwärmt sich das Wasser, heizt die Luft auf und verstärkt so den Wind. Die von ihm erzeugten Wellen können dann binnen Tagen Eisflächen von der Größe Deutschlands zerbrechen. Dabei entsteht mehr offenes Wasser, was die Bildung noch größerer Wellen begünstigt.

Unklar ist nur der genaue Beitrag der einzelnen Glieder dieser Rückkopplungsschleife zur Zerstörung des Eises. Auch fragt sich, inwieweit die Wellen das erneute Zufrieren im Herbst verzögern. Für ein besseres Verständnis solcher Zusammenhänge bedarf es

---

103 Ebenda, S. 699

genauerer Kenntnisse über die Interaktion zwischen Wellen und Meereis."[104]

Die Schmelze des Arktischen Eises trägt allerdings zur Erhöhung des weltweiten Meeresspiegels nicht bei. Dieses Problem wird durch das Schmelzen der Gebirgsgletscher auf Grönland und auf den Hochgebirgen erzeugt. Hinzu kommt inzwischen die allmähliche Verdünnung des antarktischen Eisschildes. Die Auswirkung wird durch eine Schlagzeile in der Wochenzeitung DIE ZEIT verdeutlicht: „**Wir lassen sie nicht untergehen**" mit dem Untertitel „Warum der Pariser Gipfel den Durchbruch im Kampf gegen den Klimawandel bringen könnte", ein Artikel von Claus Hecking.[105]

Der Artikel wird eingeleitet durch ein einprägsames Foto:

---

104 Harris, Mark: Wellen als arktische Eisbrecher. In: Spektrum der Wissenschaft, Oktober 2015, S. 72 ff

105 Hecking, Claus: Wir lassen sie nicht untergehen. In: DIE ZEIT Nr. 39 vom 24. 09.2015, S. 26, mit Abbildung (Ausschnitt)

Die Bildunterschrift lautet: „ Mädchen vor der Küste der indischen Insel Ghoramara, die vom **Untergang** bedroht ist."[106]

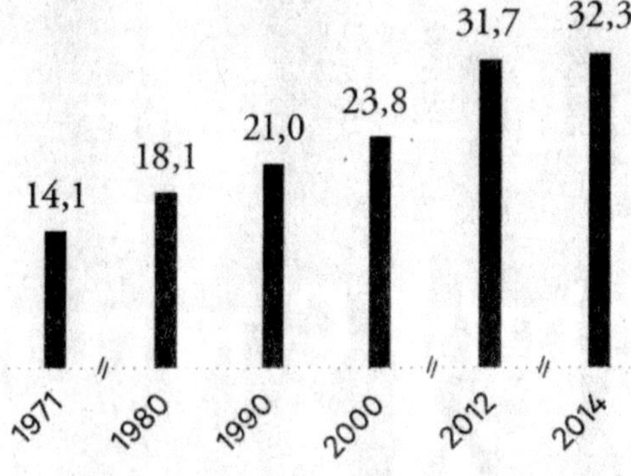

---

106 Ebenda, mit Diagrammen

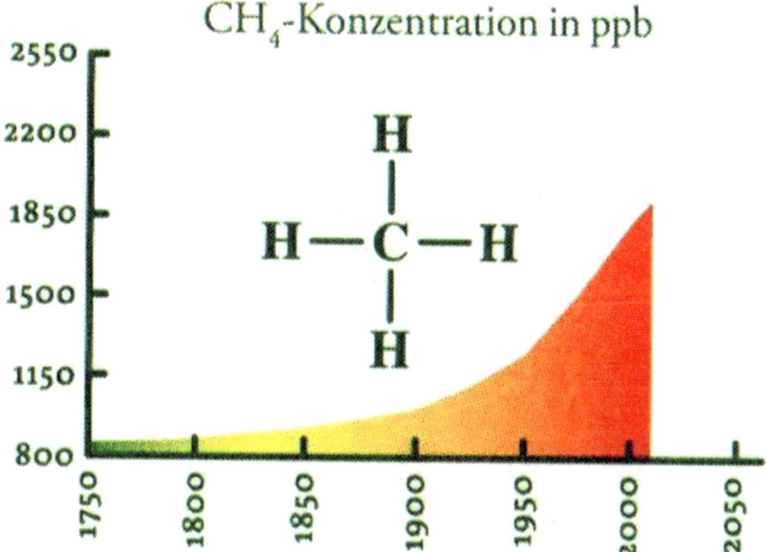

Die Gesellschaft Deutscher Chemiker (GDCh) veröffentlichte in
der Zeitschrift „Spektrum der Wissenschaft" vom Oktober 2015
einen 24-seitigen Sonderbeitrag zum Thema „Der Menschen-
planet".[107] Hier werden grafisch unter Anderem die Ausstöße der
klimaschädlichen Gase seit 1750 dargestellt: Diese Abbildung
zeigt den Anstieg der Methankonzentration in der Atmosphäre bis
etwa 2014. Die folgende Abbildung zeigt den Anstieg der
Kohlendioxidkonzentration im selben Zeitraum:[108]

---

107 GDCh (Hg.) Frankfurt/Main 2015. In: Spektrum der Wissenschaft, Oktober
2015, nach S. 86
108 Ebenda, S. 5, mit Abbildungen

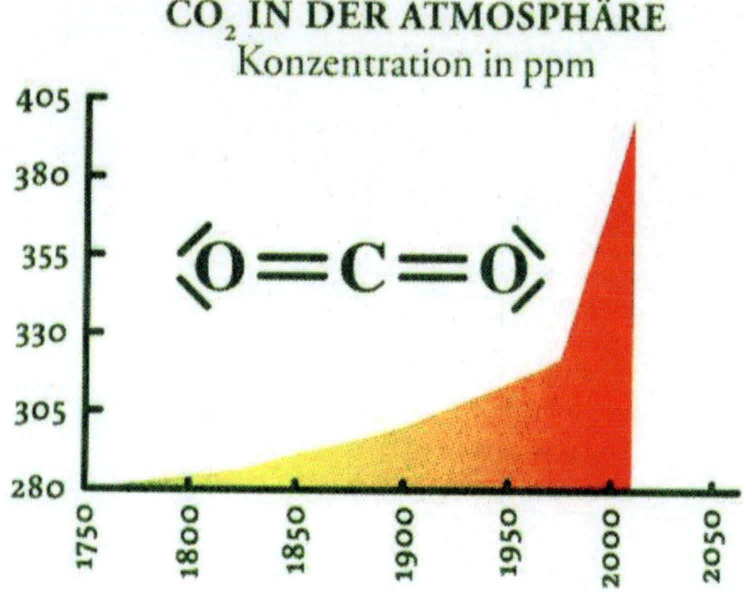

Im Artikel **DIE ENERGIEREVOLUTION** mit dem Untertitel „Um die katastrophalen Folgen des Klimawandels abzuwenden, müssen wir bis Ende des Jahrhunderts CO_2-neutral wirtschaften. Experten sind überzeugt: Das geht!"[109] wird die Situation verdeutlicht:

„Der Boden für eine CO_2-arme Wirtschaft ist also bereitet, die maßgeblichen Technologien sind vorhanden. Entsprechend nah wähnt der amerikanische Ökonom, Politikberater und Publizist Jeremy Rifkin auch die Energierevolution. Entscheidend dafür sei aber, dass sich die politischen Rahmenbedingungen in Europa, den USA und den großen Schwellenländern verändern und die Investitionen dafür aufzubringen sind.

---

109 Ebenda, S. 14

Die Einsicht, dass dies passieren muss, ist offensichtlich bereits vorhanden.

Beim Gipfel der G-7-Staaten auf Schloss Elmau verständigten sich die anwesenden Staats- und Regierungschefs immerhin darauf, im Laufe des 21. Jahrhunderts auf fossile Energieträger zu verzichten und eine „Dekarbonisierung" der Weltwirtschaft zu erreichen. Die IEA geht von 26 Billionen Dollar aus, die Staaten und Unternehmen weltweit bis 2030 ohnehin in neue Infrastrukturen und Energieversorgungen investieren müssen. Lediglich elf Billionen seien zusätzlich nötig, um mithilfe von regenerativen Energien den Klimawandel in Grenzen zu halten.

Und so ist Jeremy Rifkin auch überzeugt, dass die „dritte industrielle Revolution" gelingen wird: „Im 21. Jahrhundert werden Hunderte von Millionen Menschen ihre eigene grüne Energie erzeugen – in ihren Häusern, in Büros, in Fabriken – und diese mit anderen über intelligente dezentrale Stromnetze – Internetze – teilen, so wie die Menschen heute ihre eigenen Informationen erstellen und über das Internet mit anderen teilen.""[110]

Diese Aussage empfiehlt eine Beteiligung an den aufgeführten Aktionen, um eine Vervielfachung der Kosten zu vermeiden. Wenn wir unsere Kinder, Enkel und Urenkel lieben, wird uns das bekannte Schlagwort „Nach uns die Sintflut" abstoßen.

Lieber beteiligen wir uns an der Zukunftsgestaltung!

---

110 Ebenda, S. 17

6. Klimagipfel 2015 in Paris

In die Richtung der aktiven Zukunftsgestaltung zielte der Klimagipfel in Paris vom 30. November bis zum 12. Dezember. Mehr als 150 Staats- und Regierungschefs kamen am 30.11.2015 zusammen, um zu überlegen, wie die Erderwärmung in Grenzen gehalten werden könnte.

Das Gruppenfoto zeigt eine größere Anzahl dieser Staatenlenker.[111]

In der Tagesschau um 17:00 Uhr am 30.11. berichtete Lorenz Beckhardt, ARD Paris: „"Wir werden in einigen Tagen über mehrere Jahrzehnte entscheiden", so Hollande. Der Klimawandel beeinträchtige nicht nur das Leben auf der Erde, er befeuere auch Konflikte: "Es geht bei dieser Klimakonferenz um den Frieden", betonte Frankreichs Staatschef.

Hoffnung schöpft Hollande aus ersten Absichtserklärungen. Mehr als 180 Länder hatten bereits im Vorfeld des Pariser Klimagipfels nationale Absichtserklärungen abgegeben.

---

111 http://www.tagesschau.de/ausland/klima-gipfel-auftakt-103.html

Aus diesen Vorhaben müssten aber nun auch Taten werden, verlangt der Gastgeber.“[112]

„Bundeskanzlerin Angela Merkel hat auf der UN-Klimakonferenz mit Nachdruck auf ein umfassendes und verbindliches Klimaschutzabkommen gedrängt. Die Begrenzung der globalen Erwärmung sei eine "Frage der Zukunft der Menschheit", sagte sie in Le Bourget bei Paris. Seit Langem gebe es "zum ersten Mal die Chance, unser Ziel eines Abkommens zu erreichen". Transparente Messmethoden müssten sicherstellen, dass zugesagte Anstrengungen beim Klimaschutz auch überprüfbar seien.

Alle fünf Jahre sollten die von den einzelnen Staaten gemachten Zusagen überprüft werden. Bislang reichten diese für das Erreichen des Zwei-Grad-Ziels nicht aus. Begonnen werden solle damit möglichst bereits vor 2020, wenn das neue Abkommen in Kraft treten soll. Für Deutschland bestätigte Merkel die Ziele, bis 2020 verglichen mit 1990 die Emissionen um 40 Prozent zu

---

112 Ebenda

verringern und bis 2050 um 80 bis 95 Prozent. "Deutschland wird seinen Beitrag leisten", versprach die Kanzlerin."[113]

„Bundeskanzlerin Angela Merkel forderte die reicheren Länder dazu auf, vor allem ihre finanziellen Zusage an die ärmeren und besonders verwundbaren Staaten einzulösen und ihnen ab 2020 jährlich 100 Milliarden Dollar für Klimaschutz und die Bewältigung von Klimafolgen zur Verfügung zu stellen.

Einige führende Wirtschaftsnationen und Investoren aus der Privatwirtschaft haben bereits erste Finanzzusagen gemacht:

- Deutschland, Norwegen und Großbritannien wollen bis 2020 ihre **Finanzierung für den Waldschutz** auf dann insgesamt **eine Milliarde US-Dollar pro Jahr** steigern. Profitieren könnten davon unter anderem Brasilien, Kolumbien und Äthiopien. "Der Waldschutz wird ein wichtiger Baustein des Pariser Abkommens", sagte Bundesumweltministerin Barbara Hendricks (SPD). Ein erstes Projekt wurde in Le Bourget bereits vereinbart: Kolumbien sagte zu, die Abholzung seiner Wälder schrittweise zu begrenzen und 2020 komplett zu stoppen. Für den Kohlenstoff, der in den Bäumen bleibt, erhält das südamerikanische Land etwa fünf US-Dollar pro Tonne. Mit Waldschutz ließe sich nach UN-Schätzungen global etwa ein Drittel der notwendigen Treibhausgasreduzierung erreichen.

- Deutschland, Norwegen, Schweden und die Schweiz gründen gemeinsam mit der Weltbank die **Transformative Carbon Asset Facility (TCAF)**, eine neue Initiative, die

---

113 http://www.zeit.de/thema/klimagipfel-2015 , mit Abbildung auf Vorseite

Entwicklungsländer im Kampf gegen den Klimawandel
mit **500 Millionen Dollar** unterstützen soll. Das Geld soll
die Länder beispielsweise beim Übergang zu erneuerbaren
Energien unterstützen oder in den Themenfeldern Energie-
effizienz und Müllmanagement. Die Initiative beginnt
2016 mit der Arbeit, zunächst mit 250 Millionen Euro der
Gründungsländer. Bis das Ziel von 500 Millionen Euro
erreicht sei, bleibt das Programm offen für weitere Geld-
geber.

- Kanada, Dänemark, Finnland, Frankreich, Deutschland, Ir-
land, Italien, Schweden, die Schweiz, Großbritannien und
die USA geben zusammen 250 Millionen Dollar in den
Least Developed Countries Fund (LDCF), eine Unter-
stützungsinitiative der Global Environment Facility (GEF)
für Entwicklungs- und besonders verletzliche Länder, die
unter den Folgen des Klimawandels leiden. 320 Anpas-
sungsprojekte aus 129 Ländern haben seit 2001 diese Hil-
fen in Anspruch genommen. Der GEF hat bisher insgesamt
1,3 Milliarden Dollar aus Eigenmitteln auszahlen können
und insgesamt 7 Milliarden aus anderen Quellen mobili-
sieren können.

- Der chinesische Staatschef Xi Jinping kündige an, einen **20
Milliarden Dollar umfassenden Fonds** zu gründen, der
Entwicklungsländer unterstützen soll. Klimafreundliche
Techniken sollten in Entwicklungsländer transferiert werden. Die Bedürfnisse dieser Staaten, Armut zu reduzieren
und den Lebensstandard ihrer Bevölkerung zu steigern,
müssten berücksichtigt werden.

Ziel müsse eine Kooperation mit beiderseitigem Gewinn sein, bei der jedes Land das Mögliche beitrage.

- US-Präsident Barack Obama und der französische Präsident François Hollande starteten mit Microsoft-Mitbegründer Bill Gates die **Mission Innovation**. In dieser Initiative verpflichten sich 20 Länder, ihre **Investitionen in die Entwicklung sauberer Technologien** in den nächsten fünf Jahren zu verdoppeln. Zu den teilnehmenden Ländern gehören Saudi-Arabien, Indien, China, Indonesien und Brasilien.“[114]

Merkel und Obama wollen sich auf dem Klimagipfel für verbindliche Ziele einsetzen.[115]

„Die USA wollen auf dem Klimagipfel Verantwortung übernehmen. US-Präsident Barack Obama hob hervor, sein Land

---

114 30.11.2015, 16:23 Uhr, Quelle: ZEIT ONLINE, dpa, Reuters, AFP, sig
115 Tagesschau 17:00 Uhr, 30.11.2015, Lorenz Beckhardt, ARD Paris

übernehme Mitverantwortung für den Klimawandel.

Die Vereinigten Staaten hätten daher in den vergangenen Jahren sehr viel zum Ausbau erneuerbarer Energien getan. Die CO2-Emissionen der USA seien nun auf dem tiefsten Stand seit 20 Jahren.

Verlässlichkeit fordert Bundeskanzlerin Angela Merkel in Paris ein. Sowohl die Vereinbarungen als auch spätere Überprüfungen der gesteckten Ziele müssten verbindlich sein.

Auch China sieht in erneuerbaren Energien einen wichtigen Weg. China ist der größte Stromverbraucher der Welt und hat den größten Ausstoß an Treibhausgasen. Aktuell zeigen sich die Folgen des Energieverbrauchs im Smog über der Region Peking. Nach Ansicht von Xi Jinping muss der Klimagipfel die unterschiedliche Entwicklung der Teilnehmerländer berücksichtigen. Jedes Land müsse die Möglichkeit haben, eigene Lösungswege zum Klimaproblem zu entwickeln. Er forderte die Industrieländer auf, weitgehende Schritte zu unternehmen… Deutschland, Norwegen, Schweden und die Schweiz starteten bereits zusammen mit der Weltbank ein ganz konkretes Vorhaben. Sie wollen 250 Millionen US-Dollar für Entwicklungsländer bereitstellen. Mit diesem Geld sollen klimaschädliche fossile Brennstoffe abgeschafft und gesetzliche Hürden für erneuerbare Energien gesenkt werden."[116]

In der Wochenzeitung „DIE ZEIT" vom 10. Dezember 2015 auf Seite 1 beschreibt Claus Hecking die Gründe, warum der Klimagipfel in Paris erfolgreich sein kann: Viele Klimagipfel seien an ihrem Ansatz gescheitert. Bisher sollten die Teilnehmer einen

____
116 Ebenda

Zielwert vereinbaren für den weltweiten Ausstoß von Kohlendioxid und anderen Treibhausgasen, und die zu leistenden Einsparungen auf einzelne Staaten umlegen. „Oft endete das Geschacher im Streit. Die Pariser Organisatoren haben den Ablauf umgedreht – und eine Art Kollekte für das Klima gestartet. Alle sollten freiwillig angeben, wie viel CO_2 sie einsparen wollen. Jede Regierung steuert nur das bei, was sich für ihr Land lohnt: ökologisch und ökonomisch.

Die Klimakollekte eint. 185 Regierungen haben ihre Beiträge eingereicht, einige davon sind bemerkenswert. Großverschmutzer wie China und die USA, aber auch Länder wie Äthiopien kündigen an, im großen Stil regenerative Energien auszubauen. Dahinter steckt wenig Altruismus und viel kommerzielles Kalkül."[117]

Der Klimagipfel dauerte länger als geplant. Erst am 12.12.2015 um 19:24 Uhr wurde er beendet.[118]

„Das Klimaschutzabkommen von Paris ist überwiegend positiv bewertet worden"[119]

---

117 Hecking, Claus: Profit für die Welt. In: DIE ZEIT Nr. 50 vom 10.12.2015, S. 1
118 Eckert, Werner: Klimaabkommen von Paris. Ein solides Fundament. http://www.tagesschau.de/ausland/klimavertrag-einigung-103.html#header
119 Ebenda, mit Abbildung

Am 12.12.2015 um 22:29 Uhr wurde in der Tagesschau der folgende Beitrag gebracht:

„Es ist vollbracht: Die Teilnehmer des Weltklimagipfels in Paris haben sich auf ein neues Klimaschutzabkommen geeinigt. Der als historisch bezeichnete Vertrag beteiligt erstmals fast alle Länder der Welt am Kampf gegen die Erderwärmung - anders als das Kyoto-Protokoll von 1997.

Auf der UN-Klimakonferenz haben sich fast 200 Staaten auf ein Abkommen im Kampf gegen den Klimawandel geeinigt. Ohne dass Widerspruch erhoben wurde, konnte Frankreichs Außenminister Laurent Fabius als Konferenzvorsitzender die Entscheidung feststellen. "Ich sehe den Saal, die Reaktion ist positiv, ich höre keine Einwände", sagte er, bevor er die Einigung per Hammerschlag besiegelte.

Die Delegierten feierten die Einigung stehend mit minutenlangem Applaus. "Das ist unser Erfolg, der Erfolg aller Staaten in diesem Prozess", jubelte die luxemburgische EU-Ratspräsidentschaft. Bundeskanzlerin Angela Merkel sprach von einem "Zeichen der Hoffnung". Die deutsche Umweltministerium Barbara Hendricks sprach in der ARD von einem "historischen Moment", doch sei "Paris nicht das Ende, sondern der Anfang eines langen Weges". Im Gespräch mit den *tagesthemen* mahnte sie: "Wir müssen noch besser werden."[120]

Dazu brachten die Tagesthemen den folgenden Hintergrund:

„Mit dem Pakt, der am Abend nach zähen Verhandlungen

---

120 http://www.tagesschau.de/ausland/klimavertrag-einigung-101.html

angenommen wurde, soll die globale Erwärmung auf deutlich weniger als zwei Grad gemessen an der vorindustriellen Zeit begrenzt werden. Das Abkommen soll letztlich einen kompletten Umbau der weltweiten Energieversorgung und eine Abkehr von Kohle und Öl einleiten, um den Ausstoß der gefährlichen Treibhausgase zu drosseln.

Da die bislang vorliegenden nationalen Emissionsziele zum Erreichen dieser Ziele nicht ausreichen, sollen sie ab 2023 alle fünf Jahre überprüft werden. Laut einer ebenfalls beschlossenen ergänzenden Entschließung soll es zudem bereits 2018 eine erste informelle Bestandsaufnahme geben. In der zweiten Jahrhunderthälfte soll Emissionsneutralität bei Treibhausgasen erreicht werden."[121]

Bundesumweltministerin Barbara Hendricks im Gespräch mit Thomas Roth, Tagesthemen 23:15 Uhr, 12.12.2015

---

121 Ebenda, mit Abbildung

Am 17.12.2015 brachte die Wochenzeitung „DIE ZEIT“ auf Seite 25 den Artikel „**Jubelt nicht zu früh**“ von Claus Hecking.[122]

Der Untertitel lautet: „Damit das Klimaabkommen von Paris wirken kann, müssen Öl und Kohle teurer werden“.[123]

„Das Zeitalter der fossilen Brennstoffe geht nun auch an den Finanzmärkten zu Ende, könnte man intuitiv meinen. Und doch feiern nicht einmal Umweltaktivisten den seit Monaten anhaltenden Verfall der Öl- und Kohlepreise. Im Gegenteil: Der Kurseinbruch vom Montag, so schreibt das Finanzportal Brakingviews, „nimmt dem Klimadeal seinen Glanz“. Denn kaum etwas ist für die in Paris beschlossene globale Energiewende so gefährlich wie niedrige Preise für Erdöl und Kohle.“[124]

Allerdings haben die wichtigsten Banken und Versicherungen beschlossen, nicht weiter in fossile Brennstoffe zu investieren. „Die Investmentbank Goldman Sachs hat gerade bekannt gegeben, die werde bis 2025 insgesamt 150 Milliarden Dollar in emissionsarme Energietechnologien investieren. Andere Wallstreet-Häuser wie Morgan Stanley oder die niederländische Ing-Diba wollen der Kohleindustrie deutlich weniger oder gar keine Kredite mehr geben – wohl auch aus Eigennutz. „Wenn Sie in der Fossilindustrie inverstiert sind und 195 Länder sagen, dass sie dekarbonisieren wollen, bedeutet das Risiken für Ihr Portfolio“, sagt IIGCC-Geschäftsführerin Pfeifer.“[125]

---

122 Hecking, Claus: Jubelt nicht zu früh. In: DIE ZEIT Nr. 51 2015 S. 25
123 Ebenda
124 Ebenda
125 Ebenda

Um zu verhindern, dass wegen der fallenden Öl- und Kohlepreise wieder vermehrt Öl- und Kohlekraftwerke gebaut würden, müsse es staatliche Preisaufschläge für die Emission von Treibhausgasen wie Kohlendioxid geben.

In Paris sei die Einführung einer globalen Kohlendioxidsteuer noch kein ernsthaftes Thema gewesen. „Zu groß war der Widerstand von Brennstoffexporteuren wie Saudi-Arabien, Russland oder Venezuela. Immerhin aber erwähnt das Abkommen die Möglichkeit einer Bepreisung. Und Frankreichs Präsident François Hollande sagte, er könne sich vorstellen, dass bis 2020 alle 20 führenden Industrie- und Schwellenländer (G 20) CO_2-Preissysteme einführen werden."[126]

An dieser Stelle erinnere ich mich an das dreibändige Werk „**Das Prinzip Hoffnung**" von Ernst Bloch, das 1959 im Suhrkamp-Verlag erschien. Im Januar 1978, während meines Studiums, erwarb ich dieses philosophische Werk und las es mit Gewinn, nachdem die Aufbauarbeit nach dem zweiten Weltkrieg es auch uns Flüchtlingen ermöglichte, das Abitur zu bestehen und ein Studium abzuschließen.[127]

Das Prinzip Hoffnung begleitete die Zusammenführung der europäischen Gesellschaften zur Europäischen Union und der Weltgemeinschaft zur UN.

Dieses Prinzip gilt es weiterhin zu nutzen und zu pflegen, um das Leben auf der Erde zu erhalten und lebenswert zu halten. Die

---

126 Ebenda
127 Bloch, Ernst: Das Prinzip Hoffnung. Frankfurt am Main 1959, 4. Aufl.
  1977

Zukunftsgestaltung mithilfe der Gedanken der Aufklärung ist
möglich und, so ist unseren Kindern und Enkeln zu wünschen,
soll sich ökonomisch und ökologisch nutzbringend auf das Leben
der Weltgemeinschaft auswirken.

7. Klimagipfel 2017 in Bonn

Zur Erinnerung: „Die globale Klimaerwärmung beruht auf der im 19. Jh. entdeckten Eigenschaft der Erdatmosphäre, wie ein Glasdach die Wärmeabstrahlung der Erdoberfläche und der bodennahen Luftschichten in das Weltall zu verringern. Ohne diesen »natürlichen Treibhauseffekt« läge die bodennahe Weltmitteltemperatur heute nicht bei 14,5 °C, sondern bei lebensfeindlichen −18 °C. Zu diesem Effekt tragen Wasserdampf (61%), Kohlendioxid (CO_2, 21%), bodennahes Ozon (O_3, 7%) und andere Gase (11%) bei. Sowohl die atmosphärische Konzentration dieser Treibhausgase als auch die globale Mitteltemperatur sind natürlichen Schwankungen unterworfen. Dies wird zunehmend überlagert durch menschliche Aktivitäten, die zu einer Anreicherung der Treibhausgase und dadurch zu einer globalen Erwärmung führen (»anthropogener Treibhauseffekt«).

Der 5. Sachstandsbericht (Climate Change 2014) des Intergovernmental Panel on Climate Change (IPCC, Internationale Organisationen) bilanzierte die Erkenntnisse der weltweiten Klimaforschung mit den Worten: »Die Erwärmung des Klimasystems ist eindeutig, und die Veränderungen seit den 1950er Jahren haben über Jahrzehnte bis Jahrtausende nicht ihresgleichen. Die Atmosphäre und die Ozeane haben sich erwärmt, die Schnee- und Eisbedeckung ist zurückgegangen, der Meeresspiegel und die Konzentration der Treibhausgase ist gestiegen.«

Nach Angaben der Weltmeteorologie-Organisation (WMO) ist der Erwärmungstrend nach wie vor ungebrochen. 2016 war das wärmste Jahr seit Beginn der Aufzeichnungen. Die globale Durchschnittstemperatur lag 1,1 °C über dem vorindustriellen Mittelwert und 0,06 °C über der des vormaligen Rekordjahres 2015. Außerdem wurde 2016 der Temperaturanstieg in den ersten Monaten noch durch den starken El Niño 2015/16 verstärkt. Dies führte auch in den Ozeanen zu den höchsten je gemessenen Temperaturen an der Meeresoberfläche. In den hohen Breiten stieg die Temperatur stärker als im globalen Durchschnitt; so lag die Jahresdurchschnittstemperatur auf Svalbard (Norwegen) mit –0,1 °C um 6,5 °C über dem Mittelwert von 1961–90.“[128]

Klimawandel: Globale Durchschnittstemperatur

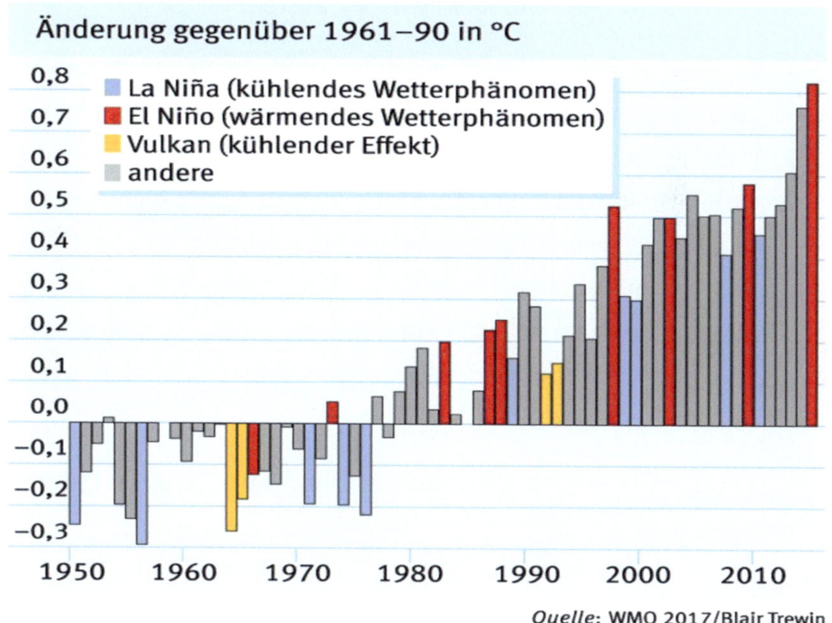

Quelle: WMO 2017/Blair Trewin

---

128 Der neue Fischer Weltalmanach 2018, S. 693, mit Grafik

In der Wochenzeitung DIE ZEIT No 36 vom 31. August 2017 befindet sich auf S. 34 in der Rubrik Wissen ein Interview mit dem Geo-Risikoforscher Peter Höppe, der beim Rückversicherer Munich Re arbeitet. Der Titel lautet: „Das wird schnell richtig teuer". Der Untertitel verdeutlicht: „Durch den Klimawandel werden Unwetter heftiger und häufiger – auch in Deutschland, sagt Peter Höppe, Geo-Risikoforscher beim Rückversicherer Munich Re".[129]

Das Gespräch führte **Caterina Lobenstein**.

„DIE ZEIT: Herr Höppe, Sie arbeiten für die Munich Re, eines der weltweit größten Unternehmen, bei denen sich die Versicherungen selbst absichern – zum Beispiel gegen unerwartet heftige Stürme. Wie viel Geld wird Hurrikan Harvey kosten?

Peter Höppe: Bisher kann das noch niemand einschätzen, Harvey ist ja noch aktiv. Generell lässt sich sagen, dass Harvey zwar mit größerer Geschwindigkeit als damals der Hurrikan Katrina auf die amerikanische Küste getroffen ist – aber in einem Gebiet, das nicht so dicht besiedelt ist und in dem er deutlich weniger Schaden anrichten konnte als Katrina im Jahr 2005. In Houston hat der Sturzregen der letzten Tage eine Flutkatastrophe ausgelöst, Wohngebiete überschwemmt und vor allem Straßen, Schienen und das Stromnetz beschädigt.

ZEIT: Houston ist ein Zentrum der Ölindustrie. Was ist mit den riesigen Raffinerien?

---

129 Lobenstein, Caterina: Das wird schnell richtig teuer. In: DIE ZEIT No 36 vom 31. August 2017, Interview auf S. 34

Höppe: Schäden an Plattformen oder Raffinerien sind uns bislang nicht bekannt. Die Anlagen sind professionell geführt und gut geschützt. Aber noch mal: Es ist generell zu früh, um den Schaden abzuschätzen.

ZEIT: Wirbelsturm Katrina hat damals rund 125 Milliarden US-Dollar gekostet, er galt als einer der schwersten Wirbelstürme der USA. Harvey ist ein Tropensturm mit Folgen historischen Ausmaßes. Häufen sich solche extremen Unwetter in letzter Zeit?

Höppe: Weltweit hat sich die Zahl der Wetterereignisse, die Schäden anrichten, seit Beginn der 1980er Jahre etwa verdreifacht. Bei den Hurrikans gibt es einen natürlichen Zyklus, der seit 1995 zu mehr starken Stürmen führt. Das heißt aber nicht, dass auch die Schäden automatisch steigen. Gegen Flussüberschwemmungen etwa können wir uns heute gut schützen. Dank massiver Investitionen in den Hochwasserschutz haben die Schäden dort weltweit sogar abgenommen, obwohl es mehr starken Regen gibt als früher. Ganz anders sieht es bei Hagel, Starkregen und heftigen Winden aus, die sich aus großen Gewitterzellen entwickeln: Sie richten immer mehr Schäden an – selbst wenn man die normalisierten Schäden betrachtet, wenn man also die Inflation herausrechnet und die Tatsache, dass es heute höhere Werte gibt, die durch ein Unwetter zerstört werden können.

ZEIT: Nehmen solche zerstörerischen Gewitterstürme auch in Deutschland zu?

Höppe: Ja, in Deutschland haben sich von den zehn teuersten Gewittern der letzten 40 Jahre sieben seit dem Jahr 2013 ereignet. Das ist schon eine auffällige Häufung. In den 1980er Jahren betrug die Summe der normalisierten Gewitterschäden jährlich etwa 200 Millionen Euro. Heute sind es 1,5 Milliarden Euro. Die Unwetter werden also häufiger – und heftiger. Allerdings nicht so stark wie in den USA, wo durch die besondere Topographie viel intensivere Gewitterzellen entstehen können. Es gibt dort kein Gebirge, das die kalten arktischen Luftmassen von den feuchtwarmen Luftmassen des Golfes von Mexiko trennt. Sie treffen direkt aufeinander, deshalb sind die Unwetter in den USA so heftig. In Europa haben wir die Alpen, das mäßigt die Sache etwas.

ZEIT: Warum gewittert es heute häufiger und stärker?

Höppe: Wir haben deutliche Hinweise darauf, dass der Klimawandel einen Beitrag liefert. Weil sich die Ozeanoberflächen erwärmen, verdunstet mehr Wasser. Wasserdampf ist der Treibstoff für Gewitter wie auch für Hurrikane. Wenn sich Gewitterwolken bilden, kondensiert der Wasserdampf in der Atmosphäre, dabei wird Wärme frei, die wiederum erzeugt Auftrieb und lässt die Gewitterzellen wachsen. An die Eiskerne der Hagelkörner kann sich mehr Wasser anlagern. Das Niederschlagspotential steigt: Wenn mehr Wasser in der Atmosphäre ist, kann auch mehr Wasser ausfallen.

ZEIT: Das heißt, der Klimawandel macht den Regen stärker und die Hagelkörner dicker?

Höppe: Ja. Das Potential dazu verstärkt er auf jeden Fall.

ZEIT: Was geht dabei besonders oft kaputt?

Höppe: Autos, Dächer, Fassaden. Das wird übrigens von Jahr zu Jahr teurer, weil auf den Dächern immer öfter Fotovoltaikanlagen montiert sind, die sehr empfindlich sind. Oder weil Fassaden mit Wärmedämmung vom Hagel leicht durchlöchert werden. In der Landwirtschaft kann ein Hagelgewitter Felder und ganze Ernten zerstören.

ZEIT: Wie gut können wir uns schützen?

Höppe: Leider nicht so gut wie vor Flussüberschwemmungen. Da weiß man genau, wo der Fluss ist und wo die gefährdeten Gebiete liegen, man kann gezielt Deiche bauen. In der Gewitterzelle dagegen herrschen chaotische Bedingungen. Man weiß nie, wo sie sich austobt, es kann jeden treffen.

ZEIT: Heißt das, wir sind immer stärkeren Unwettern einfach ausgeliefert?

Höppe: Man kann schon vorbeugen, zum Beispiel Dachmaterialien verwenden, die resistenter gegen Hagel und Starkwinde sind. In den USA finanziert die Versicherungswirtschaft sogar ein eigenes Forschungsinstitut mit Labors, in denen künstlicher Hagel produziert wird, und einem riesigen Windkanal, in den man ganze Häuser stellen kann. Dort werden Dachziegel und Dämmplatten mit Hagel beschossen. Die Forscher schlagen dann Baustandards vor, um die Häuser weniger anfällig zu machen.

ZEIT: Und wenn man kein Geld für ein neues Dach oder eine neue Fassade hat?

Höppe: Dann kann man zumindest die Kellerfenster besser abdichten. Oder einen Sockel vor die Kellertreppe bauen, damit bei starkem Regen nicht alles gleich reinläuft. Überflutete Keller gehören zu den häufigsten und teuersten Unwetterschäden in

Deutschland. Früher haben die Leute da Kohle und Kartoffeln gelagert, heute stehen dort oft wertvolle Gegenstände: das Heimkino oder die Heizungsanlage. Das wird schnell richtig teuer. In Deutschland sind wir aber generell in der glücklichen Lage, die direkten negativen Folgen des Klimawandels noch irgendwie managen zu können. In diesem Jahrhundert werden wir sie durch Prävention und Versicherungen so abdämpfen können, dass weder Leib und Leben noch unser Wohlstand erheblich gefährdet sind. In ärmeren Ländern ist das leider nicht der Fall, was zu Migration führt, sodass der Klimawandel unsere Gesellschaft eben doch beeinflusst.

ZEIT: Was ist in ärmeren Ländern anders?

Höppe: Vor allem in Südostasien und Afrika ist der Klimawandel schon jetzt extrem. Es gibt mehr Dürren, aber auch mehr Überschwemmungen. Die Menschen dort haben oft nicht das Geld, um sich abzusichern. Wir Industrieländer haben eine Verpflichtung, sie zu unterstützen.

ZEIT: Wie könnte das gehen?

Höppe: Ein Weg wäre, die Menschen gegen die extremen Folgen zu versichern. So wie Mikrokredite könnte man Mikropolicen ausgeben, die zum Teil von den Industrieländern bezahlt werden. Bei einer bestimmten Anzahl etwa von Dürretagen bekommen die Versicherten dann automatisch Geld ausgezahlt, um Nahrungsmittel oder auch Saatgut für die nächste Saison zu kaufen.

ZEIT: Woher soll das Geld kommen?

Höppe: Die G7-Staaten haben sich 2015 auf ihrem Gipfel in

Elmau verpflichtet, 400 Millionen Menschen in armen Ländern
einen Basisschutz gegen Wetterextreme zu bieten. Im Pariser
Klimavertrag haben die Industrieländer zugesagt, ab 2020 jedes
Jahr 100 Milliarden US-Dollar bereitzustellen, um Entwicklungsländern die Anpassung an den Klimawandel zu erleichtern. Wenn
alle ihre Versprechen halten, dann ist genug Geld da."[130]

Es kann nicht genug betont werden, wie wichtig aktiver Klimaschutz ist, denn je weniger jetzt in den Klimaschutz investiert
wird, desto teurer werden die Folgen des Klimawandels. Am
6.11.2017 begann in Bonn der jüngste Klimagipfel. Den Vorsitz
hatten die Vertreter der Fidschi-Inseln inne.

Das Plenum der Weltklimakonferenz in Bonn (imago stock&people)[131]

Am 12. November 2017 lesen wir auf der angegebenen Seite unter
dem Titel „**Klimakonferenz**
Laschet wirbt für regionale Klimapolitik":

---

130 Ebenda
131 http://www.deutschlandfunk.de/klimakonferenz-laschet-wirbt-fuer-
regionale-klimapolitik.1939.de.html?drn:news_id=814644

„Auf der Weltklimakonferenz in Bonn geht es heute um die besondere Rolle der Städte und Regionen beim Klimaschutz.

Dabei beraten Delegierte aus aller Welt über den Beitrag von Regionen bei der Umsetzung des Pariser Abkommens zur Senkung des CO2-Ausstoßes. Der nordrhein-westfälische Ministerpräsident Laschet sagte, Städte und Regionen seien oft die Vorreiter in Sachen Klimaschutz. NRW sei ein gutes Beispiel dafür, dass sich Ökologie, Wirtschaftlichkeit und nachhaltige Energieproduktion nicht widersprechen müssten.

Andere Redner sprachen sich dafür aus, klare Mechanismen zu entwickeln, damit nationale Regierungen gemeinsam mit kommunalen und regionalen Behörden klimafreundlichere Politik entwickelten. Auch Vertreter des Bündnisses "Amerikas Versprechen" wollen sich heute zu Wort melden. Sie wollen zusammen die Ziele des Pariser Klimaabkommens erreichen, obwohl Präsident Trump den Rückzug der USA aus dem Abkommen angekündigt hat."[132]

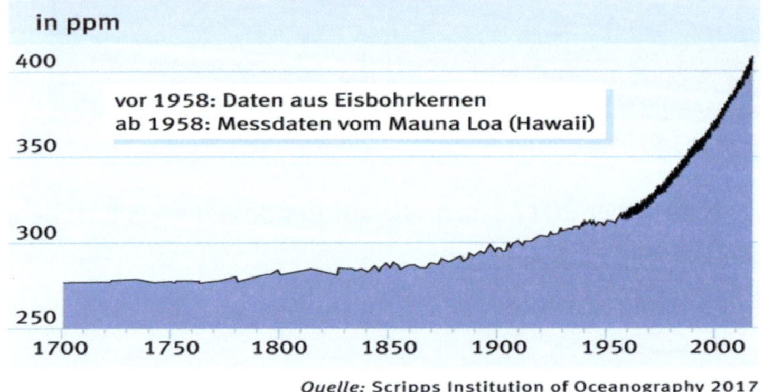

132 Ebenda, Grafik aus: Der neue Fischer Weltalmanach 2018, S. 694

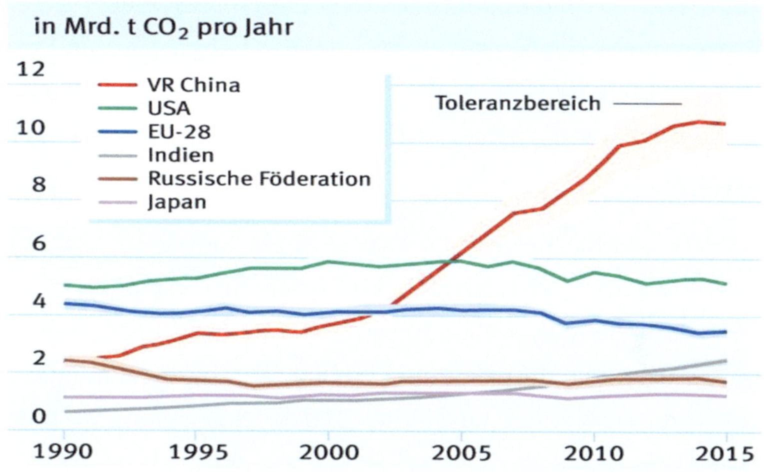

Grafik:[133]

Die obige Grafik zeigt, dass sowohl China als auch die USA als die beiden größten Umweltsünder eine Kehrtwende eingeleitet haben. Es ist zu hoffen, dass diese Entwicklung sich fortsetzt trotz der irritierenden Töne der derzeitigen US-amerikanischen Administration.

Leider hat die internationale Kontrolle herausgefunden, dass es im Jahr 2016 mehr CO2-Ausstoß gab als die Jahre zuvor. **„Der weltweite CO2-Ausstoß steigt einer wissenschaftlichen Studie zufolge in diesem Jahr erstmal wieder an - um etwa zwei Prozent. Vor allem China und Indien bereiten den Forschern Sorgen."** Von Werner Eckert, SWR, zum 13.11.2017.[134]

---

133 Grafik aus: Der neue Fischer Weltalmanach 2018, S. 695
134 http://www.tagesschau.de/wirtschaft/co2-klimagipfel-101.html

„Drei Jahre lang ist der weltweite CO_2-Ausstoß praktisch gleich geblieben - im laufenden Jahr steigt er erstmals wieder an. Zwei Prozent mehr Klimagase in 2017 hat das Global Carbon Project errechnet, ein internationaler Forschungsverbund. Die Daten wurden bei der diesjährigen UN-Klimaschutzkonferenz in Bonn vorgestellt.

Die Wissenschaftler werten das selbst als "unwillkommene Botschaft" an die Konferenz. Die Verbrennung von Kohle, Öl und Gas führt zu einem Rekordausstoß von 37 Milliarden Tonnen CO_2. Zusammen mit anderen Quellen werden es rund 44 Milliarden Tonnen sein. Um tatsächlich den Temperaturanstieg unter zwei Grad zu halten, hat die Menschheit nur noch ein CO_2-Budget von unter 800 bis 1000 Milliarden Tonnen. Das bedeutet: Schon in etwa 20 Jahren ist beim derzeitigen Tempo die Chance vertan, den Klimawandel auf ein erträgliches Maß, nämlich maximal zwei Grad, zu beschränken.

Ausstoß in China steigt wieder

Die Analyse zeigt: Vor allem in China steigt der Ausstoß - ebenfalls nach einer dreijährigen Pause - wieder an, und zwar um 3,5 Prozent. Da China mittlerweile mit Abstand die größten Mengen an Klimagasen erzeugt (28 Prozent), ist das die Hauptursache für den weltweiten Anstieg. Aber auch in Indien stieg der Wert um zwei Prozent. In der EU stagniert er praktisch (-0,2 Prozent), in den USA sinkt er nur geringfügig (-0,4 Prozent). Diese geringen Verbesserungen reichen nicht aus, um den Gesamtausstoß stabil zu halten. Die Ursache für den Anstieg sehen die Autoren vor allem darin, dass die globale Wirtschaft wieder schneller wächst.

Deshalb rechnen sie auch für das kommende Jahr mit weiter steigenden Emissionen. Weltbank und Weltwährungsfonds gehen nämlich auch von einer noch deutlicher wachsenden Weltwirtschaft aus.

Dass Wirtschaftswachstum und Klimaschutz sich nicht automatisch widersprechen, zeigt eine Liste von 22 Staaten, in denen im vergangenen Jahrzehnt der Wohlstand wuchs, aber der Treibhausgasausstoß sank. Dazu gehören nach dieser Statistik die USA und viele europäische Staaten - nicht aber Deutschland."[135]

Mehr erneuerbare Energiequellen, mehr Kohle

„Obwohl weltweit deutlich mehr Energie aus erneuerbaren Quellen gewonnen wurden (+14 Prozent), stiegen Verbrauch und Emissionen aus fossilen Energien so deutlich. Dabei legte die Kohle ebenfalls erstmals seit Jahren wieder zu, stärker noch der Öl- und Gasverbrauch. Öl könnte bei diesem Entwicklungstempo Kohle im nächsten Jahrzehnt als größte Quelle von Treibhausgasen ablösen.

Unabhängig vom Anstieg in 2017, meint das Team, es sei zu früh zu sagen, ob das nun ein einmaliger Ausrutscher bleibt oder ob wieder eine Periode steigender Treibhausgasemissionen eingeleitet wird. Für sehr unwahrscheinlich halten die Wissenschaftler aber eine Rückkehr zu vergangenen Zeiten mit Anstiegen von drei Prozent im langjährigen Mittel.

Ein interessanter Faktor ist, dass höhere Emissionen im laufenden Jahr nicht zu einer höheren CO_2-Konzentration in der Atmosphäre

---

135 Ebenda

geführt haben. Das sei aber im Einklang mit den Modellen, analysieren die Forscher.

Das Wetterphänomen El Nino habe den Gehalt in der Luft in den vergangenen beiden Jahren überdurchschnittlich ansteigen lassen. Nachdem das abgeklungen ist, schwinge das Pendel zurück. Eine natürliche Schwankung, die allerdings über die Zeit betrachtet kein Anlass zu Entwarnung ist."[136]

Am 17. November 2017 erschien im Deutschlandfunk folgende Nachricht:

„Umweltministerin Hendricks zieht positive Bilanz"[137]

Bundesumweltministerin Hendricks (SPD) und Staatssekretär Flasbarth (dpa / Oliver Berg)

---

136 Ebenda
137 http://www.deutschlandfunk.de/weltklimakonferenz-umweltministerin-hendricks-zieht.1939.de.html?drn:news_id=816741

„Bundesumweltministerin Hendricks hat eine positive Bilanz der Weltklimakonferenz in Bonn gezogen.

Immer mehr Entwicklungsländer, Regionen und Städte wollten sich am Klimaschutz beteiligen, auch viele Verantwortliche in den USA, sagte die SPD-Politikerin. Ausdrücklich würdigte Hendricks die Rolle Chinas während der zweiwöchigen Beratungen, die sie als konstruktiv bezeichnete. Einen Durchbruch habe es zum Beispiel bei Fragen der Landwirtschaft gegeben. Staatssekretär Flasbarth erklärte, das Ziel der Konferenz sei erreicht worden. Alle Staaten hätten ihre Sichtweisen zu Papier gebracht, wie die Klimaziele erreicht werden könnten. Allerdings seien die Vorschläge noch nicht bewertet worden. Das sogenannte Regelbuch zur Einhaltung der nationalen Ziele soll im kommenden Jahr auf der Klimakonferenz im polnischen Kattowitz beschlossen werden."[138]

läuft bis zum 17. November. (dpa / Oliver Berg)[139]

---

138 Ebenda
139 http://www.deutschlandfunk.de/uno-klimakonferenz-greenpeace-vermisst-mut-bei-den.1939.de.html?drn:news_id=816706

„Die Umweltschutzorganisation Greenpeace hat eine kritische Bilanz der Weltklimakonferenz in Bonn gezogen.

Den Verhandelnden hätten sowohl Mut als auch Enthusiasmus gefehlt, sagte die Geschäftsführerin der Umweltorganisation, Heuss, in Bonn. Die stärksten Impulse seien bislang von außen gekommen. Als Beispiel nannte sie den angekündigten Ausstieg mehrerer Staaten aus der Kohleverstromung. Der Bund für Umwelt und Naturschutz Deutschland warnte, ohne ein Ende der Kohle-Nutzung bis spätestens 2030 könnten die Klimaziele nicht erreicht werden.

Am letzten Konferenztag der Weltklimakonferenz wollen die Delegierten aus mehr als 190 Staaten heute das Regelwerk zur Umsetzung des Pariser Klimaabkommens bestätigen. Dabei geht es um die Frage, wie der CO_2-Ausstoß künftig gemessen und angegeben werden soll. Beschlossen werden soll dieses Regelwerk erst bei der nächsten Klimakonferenz im kommenden Jahr in Polen. In Bonn war das Ziel, schon möglichst konkrete Entwürfe zu erarbeiten.

Der Vizedirektor des Potsdam-Instituts für Klimafolgenforschung, Edenhofer, hat im Deutschlandfunk eine gemischte Bilanz des Weltklimagipfels in Bonn gezogen. Diplomatisch sei es eine erfolgreiche Konferenz gewesen, weil man sich auf die wichtigsten Ausführungsbestimmungen des Pariser Klimaabkommens geeinigt habe. Wenn man den Gipfel allerdings an den globalen Herausforderung messe, zeige sich, dass der Prozess der Reduzierung des CO_2-Ausstoßes zu langsam verlaufe.

Die Klimaforscher betonte[n] zudem die Bedeutung des Kohleausstiegs. Es sei eine falsche Wahrnehmung, dass dadurch Innovationen verhindert würden. Vielmehr könne hier ein effizientes Vorgehen der Wirtschaft sogar nützen."[140]

Als Resümee lässt sich festhalten, dass es durchaus noch Handlungsbedarf gibt, besonders da im Jahr 2016 keine Verringerung des CO_2-Ausstoßes stattfand, sondern sogar eine Steigerung.

An dieser Stelle muss angesetzt werden, denn Kohle, vor allem Braunkohle, ist das schmutzigste Mittel zur Stromerzeugung. Es muss eine Umstrukturierung stattfinden; die Arbeitsplätze gehen dadurch nicht verloren, sondern wandern in Richtung erneuerbare Energien: Sonnen- und Windenergie gepaart mit dem Ausbau der Stromnetze, teilweise auch unterirdisch. Die Kosten werden sich amortisieren, denn wenn nichts getan würde, hätten wir mit explodierenden Folgekosten zu rechnen.

Es gilt also, aktiv an der Umstrukturierung mitzuarbeiten, und hier sind nicht nur die Unternehmen gefordert, sondern auch die Gewerkschaften! An beide Seiten ergeht die Bitte: Lasst Euer Hirn arbeiten; es bleibt Euch dadurch länger erhalten!

---

140 Ebenda

Literaturverzeichnis

Beckhardt, Lorenz, ARD Paris, Tagesschau 17:00 Uhr, 30.11.2015

Bloch, Ernst: Das Prinzip Hoffnung. Frankfurt am Main 1959, 4. Aufl. 1977

BP, The British Petroleum Company Ltd.: BP statistical review of the world oil industry 1976. London 1977

Burchard, Hans-Joachim: Neue Maßstäbe für ein neues Recht. In: Imhoff/Silenius: Energie – politische Macht. 1976. S. 123 – 131

Der Fischer Weltalmanach 1987, Hg.: Hanswilhelm Haefs, Frankfurt am Main 1986

Der Fischer Weltalmanach 1997, Hg,: Dr. Mario von Baratta, Frankfurt am Main 1996

Der Fischer Weltalmanach 2004, Hg,: Dr. Mario von Baratta, Frankfurt am Main 2003

Der Fischer Weltalmanach 2007, Redaktion: Eva Berié und Heide Kobert (verantwortlich), Frankfurt am Main 2006

Der Fischer Weltalmanach 2010, Redaktion: Eva Berié (verantwortlich), Frankfurt am Main 2009

Der neue Fischer Weltalmanach 2012, Redaktion: Eva Berié (verantwortlich), Frankfurt am Main 2011

Der neue Fischer Weltalmanach 2013, Redaktion: Eva Berié (verantwortlich), Frankfurt am Main 2012

Der neue Fischer Weltalmanach 2014, Redaktion: Eva Berié (verantwortlich), Frankfurt am Main 2013

Der neue Fischer Weltalmanach 2015, Redaktion: Eva Berié (verantwortlich), Frankfurt am Main 2014

Der neue Fischer Weltalmanach 2016, Redaktion: Christin Löchel (verantwortlich), Frankfurt am Main 2015

Der neue Fischer Weltalmanach 2018, Redaktion: Christin Löchel (verantwortlich), Frankfurt am Main 2017

DESERTEC: http://www.desertec.org/de/organisation/

Deutschlandfunk: http://www.deutschlandfunk.de/

DIE ZEIT: Das Lexikon in 20 Bänden, Hamburg 2005

DIE ZEIT: http://www.zeit.de/thema/klimagipfel-2015

Evers, Ingo: Nach dem Ölschock: Weltwirtschaft im Umbruch. In: Imhoff/Silenius: Energie – politische Macht. 1976. S. 97 – 122

Fernau, Friedrich Wilhelm: Perspektiven der Erdölversorgung. In: Imhoff/Silenius: Energie – politische Macht. 1976. S. 83 – 96

Fischermann, Thomas: Es läuft wie schlecht geschmiert. In: DIE ZEIT, Hamburg, No 2 2015 S. 25

GDCh (Hg.) Frankfurt/Main 2015. In: Spektrum der Wissenschaft, Oktober 2015, nach S. 86

Harris, Mark: Wellen als arktische Eisbrecher. In: Spektrum der Wissenschaft, Oktober 2015, S. 72 ff

Hecking, Claus: Gemeinsam schnell die Welt retten, in: DIE ZEIT Nr. 32 2015, Hamburg 6.8.2015, S. 23

Hecking, Claus: Jubelt nicht zu früh. In: DIE ZEIT Nr. 51 2015, Hamburg 17.12.2015, S. 25

Hecking, Claus: Profit für die Welt. In: DIE ZEIT Nr. 50 vom 10.12.2015, S. 1

Hecking, Claus: Wir lassen sie nicht untergehen. In: DIE ZEIT Nr. 39 vom 24. 09.2015, S. 26

IRENA:
https://de.wikipedia.org/wiki/Internationale_Organisation_für_
erneuerbare_Energien

Krüger, Ralf E., Schultze, Christine: Offshore-Branche schöpft wieder Hoffnung, in Rhein-Neckar-Zeitung / Nr. 181 vom 8./9. August 2015, S. 22

Lexikon der Physik, 2000. Spektrum Akademischer Verlag GmbH Heidelberg, Band 5 S. 348f, Band 4 S. 294f, Band 2 S. 97

Lieser, Peter: Zur Genesis der Energiekrise. Der vierte Nahostkrieg, Erdölpolitik und internationale Beziehungen. In: Orient 1975, Nr. 2 (Juni), S. 21 – 56

Lobenstein, Caterina: Das wird schnell richtig teuer. In: DIE ZEIT No 36 vom 31. August 2017, Interview auf S. 34

Luther, Carsten: Elmau-Gipfel Die G7 allein können es nicht richten, in: http://www.zeit.de/politik/deutschland/2015-06/g7-ergebnisse-kommentar

Masdar: http://masdar.ae/ und https://de.wikipedia.org/wiki/Masdar

Meadows, D. u. a.: Die Grenzen des Wachstums, 1972

Münch, Erwin (Hrsg.): Tatsachen über Kernenergie. Essen 1980. Quellenangabe [5]: Plasma Physics and Controlled Nuclear Fusion Research, Vols. I und II, IAEA-Wien 1979, insbesondere Eubank, H. Et al., PLT Neutral beam heating results, S. 167

Oktoberkrieg und Truppenentflechtung. Siebte Folge aus: Die Memoiren des Anwar el-Sadat. In: Der Spiegel. Hamburg, 08.05.1978, Nr. 32, 19, S. 201 – 221

Plöger, Sven: GUTE AUSSICHTEN FÜR MORGEN, Frankfurt/Main und München, 2. Auflage 2010

Scherer, Katja: Rein ins Rohr, in: DIE ZEIT Nr. 18, Hamburg 2015, S. 31

Springer, Michael: Wird Fracking den Energiehunger stillen? In: Spektrum der Wissenschaft 8/2014 S. 20

Tagesschau: www.tagesschau.de/

US-Außenministerium u. a.: The Global 2000 Report to the President, Washington 1980, Herausgabe der deutschen Übersetzung: Reinhard Kaiser, bei Zweitausendeins, Frankfurt am Main 1980

Winnacker, Karl/Wirtz, Karl: Das unverstandene Wunder, Kernenergie in Deutschland, Düsseldorf – Wien 1975

ZEIT ONLINE, dpa, Reuters, AFP, sig, 30.11.2015, 16:23 Uhr